支撑重点领域水资源消耗总量和强度双控的关键技术标准研究

白雪　洪静兰　吴水波　胡梦婷　著

中国质量标准出版传媒有限公司
中　国　标　准　出　版　社

北　京

图书在版编目（CIP）数据

支撑重点领域水资源消耗总量和强度双控的关键技术标准研究 / 白雪等著 . —北京：中国质量标准出版传媒有限公司，2022.12

ISBN 978-7-5026-5122-0

Ⅰ. ①支…　Ⅱ. ①白…　Ⅲ. ①水资源管理—标准—研究—中国　Ⅳ. ① TV213.4

中国版本图书馆 CIP 数据核字（2022）第 208895 号

中国质量标准出版传媒有限公司
中　国　标　准　出　版　社　出版发行

北京市朝阳区和平里西街甲 2 号（100029）

北京市西城区三里河北街 16 号（100045）

网址：www.spc.net.cn

总编室：（010）68533533　发行中心：（010）51780238

读者服务部：（010）68523946

中国标准出版社秦皇岛印刷厂印刷

各地新华书店经销

*

开本 787 × 1092　1/16　印张 13.25　字数 239 千字

2022 年 12 月第一版　　2022 年 12 月第一次印刷

*

定价：68.00 元

如有印装差错　由本社发行中心调换

版权专有　侵权必究

举报电话：（010）68510107

著书人员

主要著者：白　雪　中国标准化研究院
洪静兰　山东大学
吴水波　自然资源部天津海水淡化与综合利用研究所
胡梦婷　中国标准化研究院

参与著者：白　岩　中国标准化研究院
张玉博　中国标准化研究院
冯　宵　西安交通大学
陈　卓　清华大学
杨　柳　中国矿业大学（北京）
邵立南　矿冶科技集团有限公司
张晓昕　中国标准化研究院
朱春雁　中国标准化研究院
任丽军　山东大学
倪寿清　山东大学
章丽萍　中国矿业大学（北京）
王东升　煤炭科学技术研究院有限公司
颜瑞雯　中国矿业大学（北京）
蔡　榕　中国标准化研究院
张　岚　中国标准化研究院
王付杉　自然资源部天津海水淡化与综合利用研究所
董廷尉　中国纺织经济研究中心
李永智　中国轻工业联合会
王北星　中石化节能技术服务有限公司

PREFACE 前言

水是人类生存和发展不可替代的资源，是社会经济可持续发展的基础。水资源短缺、水污染严重、水环境恶化已经成为制约我国经济社会发展的瓶颈。近年来，随着我国水问题的日益突出，习近平总书记提出“节水优先、空间均衡、系统治理、两手发力”的新时期治水思路，国家先后出台了一系列政策措施，实行最严格水资源管理制度，“十三五”规划中更是明确提出“实施水资源消耗总量和强度双控行动”。节水标准是实施国家节水行动、实行最严格水资源管理制度的重要技术手段，也是新时期全面节约、合理开发和高效利用水资源的技术准则。

我国节水标准化工作经过近20年的发展，逐步形成了涵盖工业、农业、城镇生活、非常规水利用等全社会用水领域节水的基础、方法、管理、技术和产品方面的标准体系，对于支撑我国取水许可和计划用水管理、水效标识制度、水效领跑者引领行动等政策发挥了巨大的作用。但目前仍存在标准体系不完善、技术体系缺乏系统性、关键或共性技术和方法不健全等问题。

国家重点研发计划——“国家质量基础的共性技术研究与应用”专项在“十三五”期间设立了“支撑重点领域水资源消耗总量和强度双控的关键技术标准研究”项目，聚焦工业、城镇等重点用水领域的节水技术标准需求，以支撑水资源消耗总量和强度双控政策实施为总目标，构建我国重点领域水资源消耗总量和强度双控的节水技术标准体系。

依据项目任务要求，针对目前典型高耗水行业用水效率不高、取水定额标准覆盖面不足、标准实施手段不完善等问题，建立定额评估方法体系，综合评价取水定额指标及标准实施效果，支撑高耗水行业水资源消耗总量和强度双控行动政策的实施。针对我国工业、城镇等重点用水领域，以提高用水效率、保障用水安全为目标，一方面开发典型行业的水系统集成技术，识别重点用水环节，最大限度地降低取水量和废水排放量，实现用水系统的水资源最优配置；另一方面针对我国水回用相关标准领域发展不均、重要标准缺失、统筹协调不足的问题，研究水回用评价、水回用管理、绩效评价等共性方法，并研制相关标准。针对我国海水、矿井水等典型非常规水资源利用率不高、相关技术标准缺失等问题，开展海水淡化技术、水质要求、设计要求以及矿井水综合利用技术要求等研究，并形成相关标准。本书正是基于这些内容编写而成。

由于著者的水平和时间有限，书中有些内容还有待进一步深入，不足之处在所难免，恳请读者不吝指教并提出宝贵意见，以便我们继续研究，不断完善。

著 者

2022 年 6 月

CONTENTS 目录

第1章 绪论

1.1 我国水资源现状

1.1.1 我国水资源利用概况

我国水资源时空分布不均衡，与人口、土地和经济布局不相匹配，水短缺、水污染、水生态问题已成为经济社会可持续发展的主要瓶颈。水利部发布的《中国水资源公报》显示，2020 年我国用水总量为 5812.9 亿 m^3，其中，农业用水量为 3612.4 亿 m^3，主要为农业灌溉用水；工业用水量为 1030.4 亿 m^3，电力、钢铁、石化、纺织、轻工等高耗水行业用水量占工业用水量的 60% 以上；生活用水量为 863.1 亿 m^3，包括城镇生活用水和农村生活用水；人工生态环境补水量为 307.0 亿 m^3。2020 年我国水资源利用情况如图 1-1 所示。

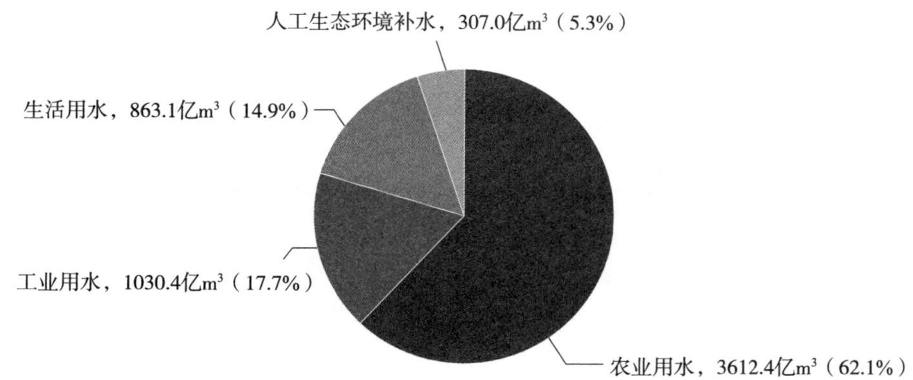

图 1-1 2020 年我国水资源利用情况

“十三五”期间，我国以高耗水工业行业为重点，以提高用水效率为核心，加快推广先进节水技术，建设节水试点示范工程，强化标准约束，加强监督管理，工业节水工作取得了显著成效。总体而言，我国工业用水呈现如下特点：

（1）工业用水量稳步下降。2020 年，我国工业用水量为 1030.4 亿 m^3，较 2016 年降低 21.2%。“十三五”期间工业用水量占全国总用水量的比例稳步下降（见表 1-1）。

表 1-1 “十三五”期间全国工业用水量情况

年份	总用水量 / 亿 m^3	工业用水量 / 亿 m^3	占比 /%
2016	6040.2	1308.0	21.6
2017	6043.4	1277.0	21.1
2018	6015.5	1261.6	21.0
2019	6021.2	1217.6	20.2
2020	5812.9	1030.4	17.7

数据来源：水利部发布的《中国水资源公报》（《中国水资源公报》中统计的用水量按新水取用量计，不包括重复利用水量，即取水量）。

（2）工业用水效率显著提高。2020 年，我国工业万元国内生产总值（当年价）用水量为 57.2m^3，比 2016 年降低 29.4%；我国万元工业增加值（当年价）用水量 32.9m^3，比 2016 年降低 37.7%。“十三五”期间我国工业用水效率得到显著提高（见图 1-2）。

数据来源：水利部发布的《中国水资源公报》。

图 1-2 “十三五”期间全国工业用水效率情况

（3）非常规水源利用量不断增加。城镇中水、雨水、海水、矿井水等非常规水源利用技术日趋成熟，2020 年我国再生水利用量为 108.9 亿 m^3，集雨工程利用量为

7.9 亿 m^3。

为落实“节水优先”的治水思路，保障国家节水行动的实施，从战略的高度充分认识水资源形势的严重性，相关部门采取了如下切实可行的有效措施，极大地加强了节水工作：

（1）工业节水政策体系和标准体系日趋完善。近年来，国家相继出台了《国家节水行动方案》《关于推进污水资源化利用的指导意见》《国家标准化发展纲要》《“十四五”节水型社会建设规划》等政策文件，并发布了 200 余项工业节水标准，涉及术语、水平衡测试、计量统计、管理、评价、取水定额、产品水效等方面，省级工业用水定额指标体系也基本建立。工业建设项目水资源论证深入实施，运用价格杠杆促进工业节水的机制初步形成。系列政策文件的出台和标准制度的完善，为实行最严格水资源管理制度、提升工业用水效率提供了有力保障。

（2）工业节水技术改造和创新力度不断增强。工业节水技术水平不断提高，如火电机组空气冷却技术、钢铁行业烟（煤）气干法除尘技术、纺织行业印染废水深度处理回用技术、造纸行业连续蒸煮技术、食品和发酵行业有机废水膜处理回用技术等一批节水新技术得到应用和推广，工业园区积极推行循环用水和串联用水系统，推进园区废污水“零排放”。

（3）工业节水宣传和试点示范工作稳步推进。各地各部门开展形式多样的节水宣传活动，企业节水意识、能力和水平不断增强。国家相关部委大力推进重点用水企业水效领跑者和节水型企业建设工作。试点示范工作的稳步推进带动了节水型工业体系的建设。

1.1.2　再生水利用概况

我国高度重视再生水利用事业的发展，2021 年 1 月，国家发展改革委联合九部门印发《关于推进污水资源化利用的指导意见》，明确提出到 2025 年，全国污水收集效能显著提升，地级及以上缺水城市再生水利用率达到 25% 以上，京津冀地区达到 35% 以上；到 2035 年，形成系统、安全、环保、经济的污水资源化利用格局。因此，未来 5～20 年将是我国再生水利用事业的快速发展期。

自 2009 年开始，我国城市再生水生产能力逐年提高。截至 2017 年末，我国城市再生水生产能力达到 3588 万 m^3/d，再生水利用量达到 71.3 亿 m^3/ 年。为促进再生水利用，我国也加强了再生水管网的建设，由 2009 年的 2250km 增长至 2017 年的 12893km，增加了 4.7 倍。按实际再生水利用量与污水处理量的比值计算，2017 年我国城市污水再生利用率为 15.3%。随着城镇再生水生产能力的提高和再生水管道长度的增加，再生水利用量同样逐年升高（见图 1-3），由 2009 年的 21.5 亿 m^3 增长至 2017 年的 71.3 亿 m^3，增加了 2.3 倍。再生水的主要用途包括景观环境用水、工业用水、农业灌溉用水、城市杂用。其中，景观环境用水和工业用水占再生水利用总量的 82%。

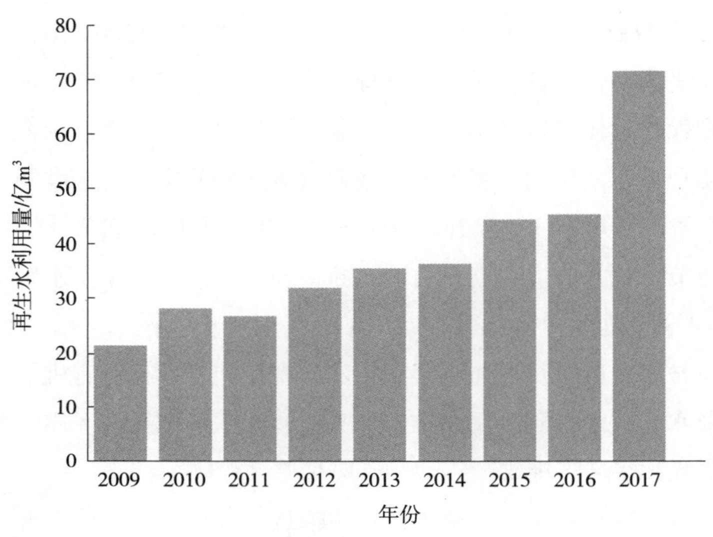

图 1-3　我国城镇再生水利用量

1.1.3　海水利用概况

近年来，我国海水淡化工程规模稳步增长（见图 1-4）。自然资源部海洋战略规划与经济司发布的《2020 年全国海水利用报告》显示，截至 2020 年底，全国现有海水淡化工程 135 个，生产规模达到 1651083t/d，其中，万吨级及以上海水淡化工程 40 个，生产规模 1452448t/d；千吨级及以上、万吨级以下的海水淡化工程 50 个，生产规模 188894t/d；千吨级以下海水淡化工程 45 个，生产规模 9741t/d。2020 年，全国新建海水淡化工程 14 个，生产规模 64850t/d。同时，我国在反渗透（RO）和低温多效（MED）海水淡化技术领域已经达到或接近国际先进水平。

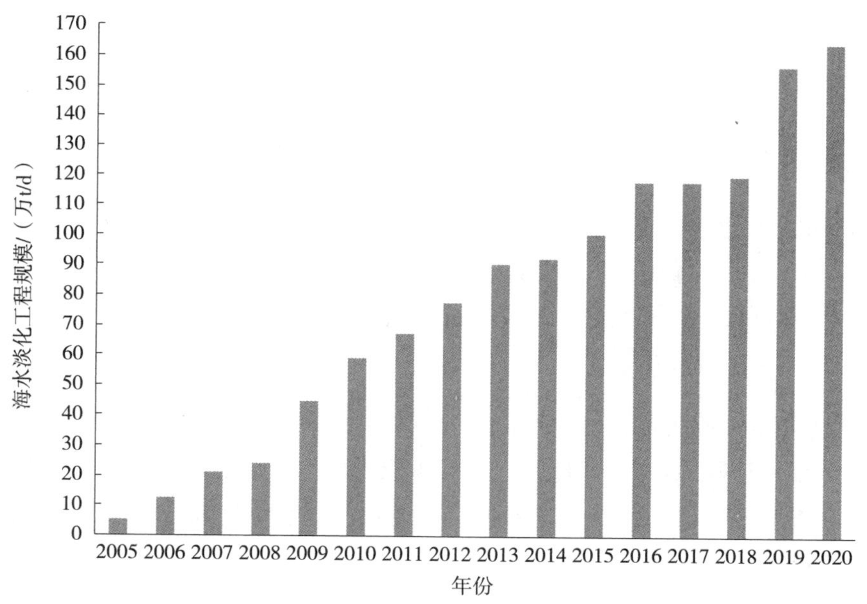

图 1-4 我国海水淡化工程规模

海水淡化利用主要包括市政供水、工业园区“点对点”供水和海岛独立供水等三种模式。在市政供水模式中，淡化海水进入市政管网，由地方水务公司或自来水公司统一调配使用，该模式适应性较强、稳定性较好，适用于水资源短缺的沿海城市。工业园区“点对点”供水模式是在沿海产业园区，依托电力、化工、石化、钢铁等重点行业，规划建设大型海水淡化工程，配套建设输送管网，实施“点对点”分质供水，该模式主要适用于高耗水工业企业。在海岛独立供水模式中，淡化海水主要用于军民饮水，生产规模一般为中小型，但对于解决海岛军民用水需求意义重大。目前，我国海水淡化工程分布在辽宁、天津、河北、山东、江苏、浙江、福建、广东和海南等 9 个沿海省市。其中，北方的海水淡化工程以工业用途为主，一般供给当地的电力、钢铁等工业企业用水；南方的海水淡化工程以海岛的民用用途居多，以百吨级和千吨级工程为主。

1.1.4 矿井水利用概况

国外较早就开展了矿井水处理与利用技术的相关研究。多数国家的煤矿矿井水被视为一种伴生资源，矿井水经过适当处理后，用于煤矿矿区生产和生活用水，或排入地表水系。例如，美国境内的矿井水多为酸性，大部分矿井水在经过碱性物质中和、硫酸盐还原菌降低高硫酸盐含量后排入地表水系，同时采用人工湿地处理矿井水，由于该方法投资成本较少、易于管理，得到较好的推广，现已建成人工湿地处理系统超过 400 座，并被许多欧洲国家采用；英国煤矿年排水量约 36 亿 m^3，其中 42% 作为工业用水，58% 排放到地表水系，其矿井水处理关注对矿井水中悬浮物矿的沉降处理、铁化合物去除以及溶解盐的去除，主要采用化学试剂中和处理以及反渗透、冻结法进行脱盐处理；日本除部分矿井水用于洗煤外，大部分矿井水都是经沉淀处理去除悬浮物后排入地表水系，常用的矿井水处理技术包括固液分离法、中和法、氧化处理法、还原法、离子交换法等；匈牙利部分煤矿将矿井水售卖给城市供水部门，用于当地居民生活饮用水。

我国矿井水资源丰富，分布广，水源较稳定，具有很大的利用潜力，但相关煤矿矿井水处理与利用研究起步较晚。根据国家发展改革委、国家能源局联合印发的《矿井水利用发展规划》，2010 年我国矿井水排放量约 72 亿 m^3，其中煤矿矿井水排水量达 61 亿 m^3，而矿井水平均利用率不足 25%。近年来，随着国民环保意识的加强及水资源可持续利用政策的实施，我国矿井水处理技术得到了迅猛发展，矿井水综合利用水平明显提升，2019 年达到了 75.8%。目前，我国矿井水主要用于以下方面：一是矿区生产用水，包括井下生产、喷雾降尘、地面选煤厂及锅炉房等生产环节，少量用于煤矿周边的电厂、煤化工企业及其他工业园区等；二是通过深度处理达到相应标准后，用于矿区及周边居民日常生活用水；三是用于采煤沉陷区回灌、矸石场复垦绿化、小区绿化等；四是利用矿井水源热泵技术将其用于供暖、供热和供冷等其他场景。

1.2 我国水资源政策及标准现状

1.2.1 我国水资源双控政策概况

面对我国严峻的水资源形势，2012 年 2 月，国务院印发《国务院关于实行最严格水资源管理制度的意见》（国发〔2012〕3 号），明确提出水资源管理的“三条红线”，包括用水总量控制和用水效率控制等，同时提出到 2020 年全国用水总量控制在 6700 亿 m^3 以内，2030 年全国用水总量控制在 7000 亿 m^3 以内。

2016 年 10 月，水利部、国家发展改革委联合印发《“十三五”水资源消耗总量和强度双控行动方案》（水资源司〔2016〕379 号），全面实行水资源消耗总量和强度双控（简称水资源双控）政策，提出到 2020 年，我国水资源双控管理制度基本完善、措施有效落实、目标全面完成，全国年用水总量控制在6700亿m^3以内，万元国内生产总值用水量、万元工业增加值用水量分别比2015年降低23%和20%。国家发展改革委等九部门联合印发《全民节水行动计划》（发改环资〔2016〕2259号），提出到2020年，规模以上企业工业用水重复利用率达到91%以上，万元工业增加值用水量下降到48m^3以下。

2017年1月，国家发展改革委、水利部、住房城乡建设部联合印发《节水型社会建设“十三五”规划》（发改环资〔2017〕128号），提出到2020年，全国规模以上工业企业（年用水量1万m^3及以上）用水计划管理全覆盖，水循环利用率达到91%以上。

2019年4月，国家发展改革委、水利部联合印发《国家节水行动方案》（发改环资规〔2019〕695号），提出健全省、市、县三级行政区域用水总量、用水强度控制指标体系，强化节水约束性指标管理，加快落实主要领域用水指标。水资源超载地区要制定并实施用水总量削减计划。到2020年，建立覆盖主要农作物、工业产品和生活服务业的先进用水定额体系。

2021年5月，国家发展改革委、自然资源部联合印发《海水淡化利用发展行动计划（2021—2025年）》（发改环资〔2021〕711号），提出到2025年，全国海水淡化总规模达到290万t/d以上，新增海水淡化规模125万t/d以上，其中沿海城市新增海水淡化规模105万t/d以上，海岛地区新增海水淡化规模20万t/d以上。海水淡化关键核心技术装备自主可控，产业链供应链现代化水平进一步提高。海水淡化利用发展的标准体系基本健全，政策机制更加完善。

1.2.2 我国水资源双控标准化概况

我国历来重视节水标准化工作，在建设资源节约型、环境友好型社会中，实施了卓有成效的举措，并出台了很多相关的规章文件等。《重点用水企业水效领跑者引领行动实施细则》中提出“加强节水型企业标准、取水定额标准以及《企业水平衡测试通则》（GB/T 12452）、《用水单位水计量器具配备和管理通则》（GB 24789）、《工业企业水系统集成优化导则》（GB/T 29749）等节水标准的实施和引导。”《国家节水行动方案》中明确要求“健全节水标准体系。到2022年，节水标准达到200项以上，基本覆盖取水定额、节水型公共机构、节水型企业、产品水效、水利用与处理设备、非常规水利用、水回用等方面。”《“十四五”节水型社会建设规划》中提出“健全节水标准体系，制修订重要节水标准，及时更新水效标准、用水定额，做好标准宣贯和实施工作。”

目前，我国已发布水资源双控相关国家标准200余项，主要涉及基础通用、取（用）水定额、产品水效、节水技术、节水评价、节水设计、节水管理、工业废水处理回用、城市污水再生利用、海水淡化利用、矿井水综合利用、雨水集蓄利用等方面，在节水型社会建设中发挥了重要作用。

第 2 章 支撑水资源双控的标准体系研究

作为标准化的发展蓝图，标准体系的构建可对标准化全局工作进行有效规划，通过加强宏观指导、明确发展方向、确定工作重点，为标准研制和实施提供科学依据，保障标准化工作的有序和高效发展。因此，要解决现阶段我国水资源双控标准化发展所面临的诸多问题，当务之急是要构建科学合理的水资源双控标准体系框架、明确相关标准的发展思路和发展方向、指导相关标准的制修订工作，推动我国水资源双控标准化工作的整体发展并实现突破。

2.1 标准体系构建方法

2.1.1 标准体系研究方法

（1）分类研究法

分类研究是对标准体系进行研究分析的一种典型方式，也是当前标准体系研究中应用较普遍的一种方法。分类研究法建立在按照不同的基准对标准加以分类的基础之上。标准种类繁多，分类方法不尽统一，表 2-1 汇总了我国现行最普遍使用的标准分类方法。通过分类研究法可以得到一个内容全面的标准体系表，对于标准体系自身的系统管理非常便利，特别是易于进行信息化管理，方便使用者的查询、检查或监控标准体系的动态变化等。但是，使用分类研究法建立的标准体系难以与实际密切结合。

表 2-1　标准分类方法

分类依据	分类结果
标准制定主体	国家标准、行业标准、地方标准、企业标准、团体标准
标准化对象基本属性	技术标准、管理标准、工作标准

表 2-1（续）

分类依据	分类结果
标准实施约束力	强制性标准、推荐性标准
标准信息载体	标准文件、标准样品
标准地位和作用	基础标准、一般标准
标准对象过程结构	产品标准、设计标准、原材料标准、零部件标准、工艺标准、设备和工艺装备标准、基础设施和能源标准、设备维修标准、检验和试验标准、安全标准、环境标准、医药卫生和职业健康标准等
标准对象所属行业	农业标准、教育标准、医药标准、煤炭标准、新闻出版标准、测绘标准、档案标准、地质矿产标准、公共安全标准、汽车标准、建材标准、石油化工标准、纺织标准、有色金属标准、电子标准等

（2）过程研究法

将活动和有关资源作为过程进行管理，系统地识别和管理组织所应用的过程，特别是过程之间的相互关系，称为过程研究。通常，一个过程的输出将直接成为下一个过程的输入，过程起始于输入、结束于输出。应用过程研究法研究分析标准体系，首先要求按照市场经济条件下企业经营管理活动的共同特点，研究分析和确定管理活动的各个基本过程；然后，从标准与标准化概念的基本内涵出发，分析各个过程中的标准化对象，即途径、步骤、程序、方法、资源、条件等因素，对这些进行归纳总结提炼出具体的标准；最后，在此基础上构建标准体系表。

2.1.2　水资源双控标准体系构建方法

从目前收集到的国内各行业标准体系来看，尽管各行业的标准体系分类方法各不相同，但是标准体系的结构形式均为层次型。层次型结构的标准体系能体现出其内容组成，但是各标准之间的关系并未进行充分表达。水资源双控标准体系所涉及的标准集合是一个复杂多态的标准体系，因此需要综合考虑多种因素，使用分类研究法和过程研究法相结合的方法来构建水资源双控标准体系框架模型。

分类研究法与过程研究法相结合的体系构建方法具有如下优势：一是充分重视对标准体系对象的研究，避免传统标准体系构建过程中存在的理论和体系脱节问题；二是利用系统工程学原理，对标准体系对象中复杂的逻辑关系进行系统表述，完成水资源双控标准体系的结构模型框架；三是构建的标准体系结构模型能够比较容易地转化成符合国家标准要求的标准体系框架，最终完成水资源双控标准体系框架的构建。

2.2　水资源双控标准体系构成

水资源双控标准体系以实现水资源双控目标为出发点，突出水资源消耗总量控制和强度控制各自的特点，提炼二者的共性通用、供需优化两类相关标准，形成基本的体系结构。水资源双控标准体系聚焦总量和强度双控，是节水标准体系的继承和完善，是节水标准体系的重要组成部分。

水资源双控标准体系框架包括 3 个标准子体系，即基础通用、总量控制和强度控制。每个标准子体系下面又包括若干类别（见图 2-1）。

（1）基础通用标准子体系

基础通用标准具有普遍的指导意义，也是其他标准的依据和基础，在节水工作中被广泛应用。该子体系下包括术语、分类，图形符号和文字代码，计量与检测，用水统计，定额编制通则等方面的标准。

计量与检测方面的标准包括水计量器具配备与管理、水效检测、水平衡测试和节水监测等 4 类。

用水计量是水资源管理的重要内容和手段，也是水行政部门落实取水许可、水资源论证、水资源费征收和取用水、排水等管理制度，行使管理权的重要基础。建立和加强用水计量体系建设是水资源管理形势的要求，是有效实施相关制度的重要保证，是进行水资源及相关规划的基础。用水计量是用水统计、管理和控制以及节水技术进步的最重要的基础性工作。只有做好计量管理，才有可能取得基本的、准确的、完整的水量资料，才能管好水、用好水，真正提高用水效率。一直以来，我国农业、高耗水服务业普遍存在水计量器具配备和管理缺少相应标准、水表安装率低、计量设施匮乏等问题。

节水监测是指依据国家有关节水的法规（或行业、地方规定）和标准，对用水单位的水资源利用状况进行的监督、检查、测试和评价。节水监测标准统一了节水监测的原则、测试方法和监测内容，明确了节水检测合格指标要求。

（2）总量控制标准子体系

该标准子体系主要包括水资源消耗总量目标和总量支撑两方面的标准。作为规范水资源消耗总量控制目标、实现方法、保障措施的重要标准子体系，总量控制标准子体系是整个标准体系的关键和重点之一。

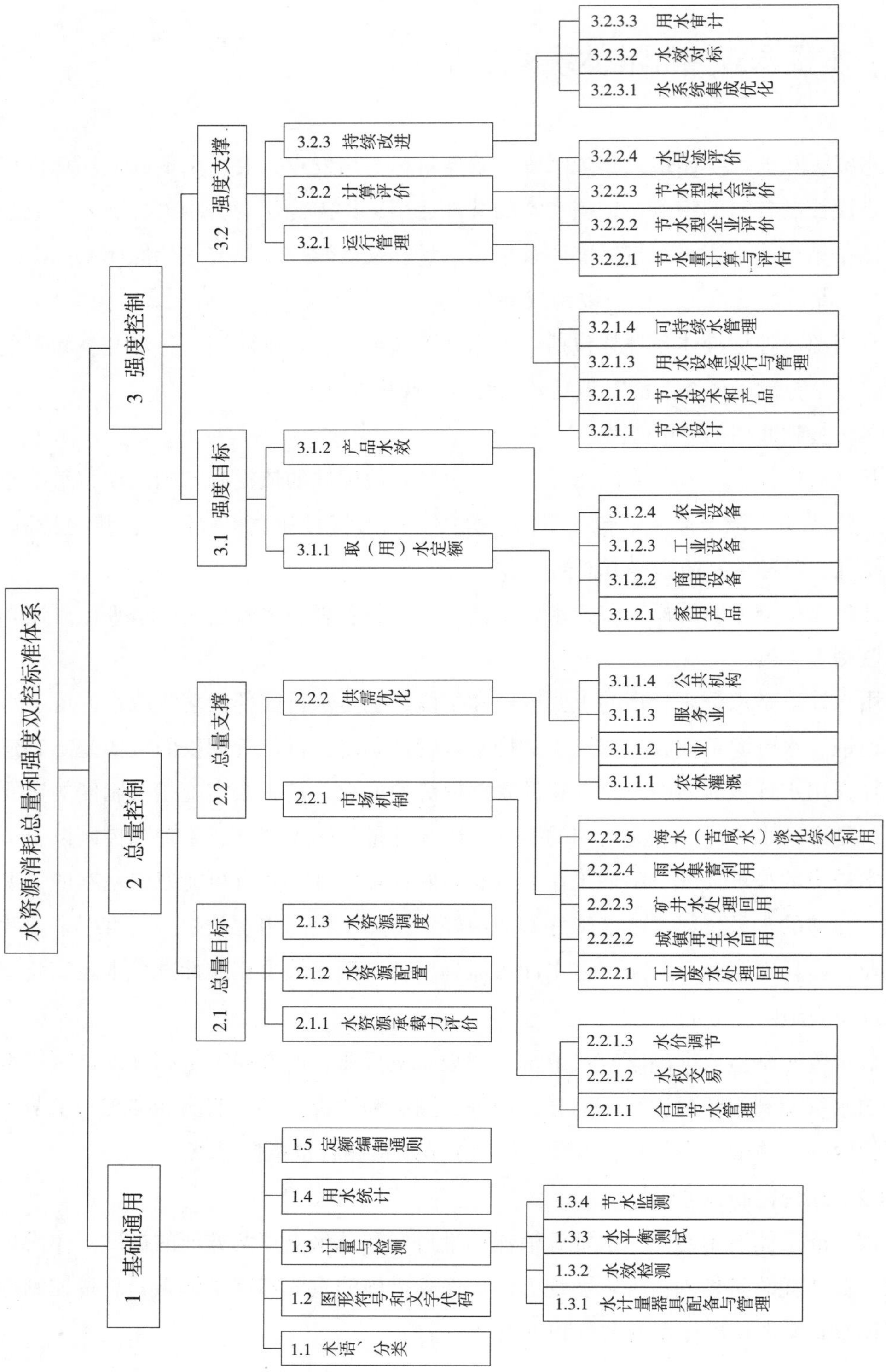

- 水资源消耗总量和强度双控标准体系
  - 1 基础通用
    - 1.1 术语、分类
    - 1.2 图形符号和文字代码
    - 1.3 计量与检测
      - 1.3.1 水计量器具配备与管理
      - 1.3.2 水效检测
      - 1.3.3 水平衡测试
      - 1.3.4 节水监测
    - 1.4 用水统计
    - 1.5 定额编制通则
  - 2 总量控制
    - 2.1 总量目标
      - 2.1.1 水资源承载力评价
      - 2.1.2 水资源配置
      - 2.1.3 水资源调度
    - 2.2 总量支撑
      - 2.2.1 市场机制
        - 2.2.1.1 合同节水管理
        - 2.2.1.2 水权交易
        - 2.2.1.3 水价调节
      - 2.2.2 供需优化
        - 2.2.2.1 工业废水处理回用
        - 2.2.2.2 城镇再生水回用
        - 2.2.2.3 矿井水处理回用
        - 2.2.2.4 雨水集蓄利用
        - 2.2.2.5 海水（苦咸水）淡化综合利用
  - 3 强度控制
    - 3.1 强度目标
      - 3.1.1 取（用）水定额
        - 3.1.1.1 农林灌溉
        - 3.1.1.2 工业
        - 3.1.1.3 服务业
        - 3.1.1.4 公共机构
      - 3.1.2 产品水效
        - 3.1.2.1 家用产品
        - 3.1.2.2 商用设备
        - 3.1.2.3 工业设备
        - 3.1.2.4 农业设备
    - 3.2 强度支撑
      - 3.2.1 运行管理
        - 3.2.1.1 节水设计
        - 3.2.1.2 节水技术和产品
        - 3.2.1.3 用水设备运行与管理
        - 3.2.1.4 可持续水管理
      - 3.2.2 计算评价
        - 3.2.2.1 节水量计算与评估
        - 3.2.2.2 节水型企业评价
        - 3.2.2.3 节水型社会评价
        - 3.2.2.4 水足迹评价
      - 3.2.3 持续改进
        - 3.2.3.1 水系统集成优化
        - 3.2.3.2 水效对标
        - 3.2.3.3 用水审计

图 2-1　水资源双控标准体系

总量目标相关标准是实现水资源消耗总量目标的源头控制方面的标准。水资源承载力评价、水资源配置和水资源调度相关标准作为配合水资源双控目标实现和用水权市场化交易制度建立的重要技术标准，也将是下一步节水标准研究实施的潜在热点之一。

总量支撑相关标准是支撑水资源消耗总量目标实现的过程控制方面的标准，分为节水市场机制和供需优化 2 类。节水市场机制相关标准包括合同节水管理、水权交易和水价调节 3 类。通过完善相关财税政策等方式，引导社会资本参与投资节水服务产业，推行合同节水管理模式，促进节水服务产业发展，是水资源双控标准体系的重要组成部分。供需优化相关标准主要包括工业废水、城镇再生水、矿井水、雨水、海水（苦咸水）等非常规水源的综合利用类标准。作为节水的重要方式，通过增加非常规水源在水资源供给结构中的占比，实现减少新鲜水消耗的目标，这类标准已经成为节水标准发展的热点和重点之一。

（3）强度控制标准子体系

该标准子体系主要包括水资源消耗强度目标和强度支撑两方面的标准。强度目标相关标准引领明确合理的组织层面水资源消耗强度目标，强度支撑相关标准中的运行管理标准提升组织运行过程中的水资源利用效率，计算评价相关标准规范节水工作的成效，持续改进相关标准提升节水管理水平和节水效率。作为规范水资源消耗强度控制目标和支撑的重要标准子体系，强度控制标准子体系是整个标准体系的关键和重点之一。

强度目标相关标准主要包括取（用）水定额和产品水效 2 类，作为规范引导完成水资源消耗强度目标的重要指标性标准，也是水资源消耗强度控制标准子体系所支撑实现的导向目标。取（用）水定额相关标准作为项目水资源论证和取水许可管理制度的标准依据，在计划用水管理和水资源统一调度中具有重要的作用。截至 2022 年 6 月，我国已经颁布取水定额国家标准 60 项，涉及电力、钢铁、石油和化工、纺织、造纸、有色金属和食品发酵等主要的高耗水行业，在节水国家标准中占比 20% 左右。产品水效相关标准是节水标准中针对终端用水产品的强制性国家标准。截至 2020 年 6 月，我国已经颁布产品水效标准 10 项，包括坐便器、净水机和洗衣机等，数量约占节水国家标准的 3%。2017 年 9 月 13 日，国家发展改革委、水利部、国家质检总局联合发布《水效标识管理办法》，我国正式推行用水产品水效标识制度。产品水效标准是推进我国水效标识制度和水效领跑者行动的重要技术支撑。

强度支撑相关标准分别从运行管理、计算评价和持续改进3个方面支撑水资源消耗强度目标的实现。运行管理相关标准包括节水设计、节水技术和产品、用水设备运行与管理、可持续水管理4类，计算评价相关标准包括节水量计算与评估、节水型企业评价、节水型社会评价、水足迹评价4类，持续改进相关标准包括水系统集成优化、水效对标、用水审计3类。

第3章 典型高耗水行业取水定额标准及评估体系研究

工业产品取水定额标准作为我国特有的节水标准，为我国水资源论证、取水许可管理等制度实施提供直接的技术依据，对支撑高耗水行业（如轻工行业、纺织行业、化工行业等）水资源双控目标的实现具有重要作用。然而，由于覆盖产品范围有限、缺少系统的实施评估方法和手段，一定程度上限制了取水定额标准发挥更大作用。因此，建立定额评估方法体系，科学量化取水定额标准的实施效果，构建基于多目标决策的最佳技术途径模型，对科学分析和评估取水定额标准及不同政策背景下的节水潜力具有重要意义。

3.1 取水定额标准化方法研究

取水定额是指提供单位产品、过程或服务所需要的标准取水量，也称用水定额。工业产品取水定额是针对取水核算单位制定的，以生产工业产品的单位产量为核算单元的标准取水量。

工业产品取水定额考察和涉及的水量一般发生在主要生产、辅助生产和附属生产三个过程。同一类产品的单价由于受到品质、市场供求关系等多个因子影响，在时间和空间上存在波动和差异，为了便于同一类产品在全国范围内的对比，一般采用单位（数量）产品取水量，而不是单位产值取水量为定额指标。

单位产品取水量是取水定额标准的核心指标。对于指标数值的选取不仅要充分考虑当今“最新技术水平”，还要为未来的技术发展提供框架和发展余地。GB/T 18820—2011《工业企业产品取水定额编制通则》中明确给出了单位产品取水量的定义和计算方法。

单位产品取水量的定义：企业生产单位产品需要从各种常规水资源提取的

水量。

单位产品取水量按式（3-1）计算：

$$V_{ui} = \frac{V_i}{Q} \qquad (3\text{-}1)$$

式中：V_{ui}——单位产品取水量，m^3/单位产品；

V_i——在一定的计量时间内，生产过程中常规水资源的取水量总和，m^3；

Q——在一定的计量时间内产品产量。

3.1.1　对象选取

取水定额针对的对象（即取水核算单位）是完成一种工业产品的单位，依据使用的目的不同，可以在不同的边界内运用定额来进行节水管理。取水核算单位可以是一个企业，也可以是一个分厂或一个工段和车间，产品或工艺。为便于定额管理，国家标准采用的是以工业产品为取水核算单位，产品形式则是多样化，主要包括以下几种：

（1）最终产品，在一定时期内生产的并由其最后使用者购买的产品就称为最终产品，例如啤酒、味精等；

（2）中间产品，一种产品从初级产品加工到提供最终消费要经过一系列生产过程，在没有成为最终产品之前处于加工过程中的产品统称为中间产品，例如纺织染整产品、乙烯等；

（3）初级产品，指未经加工或因销售习惯而略作加工的产品，例如选煤等；

（4）原料加工，例如石油炼制，选取的取水核算单位为加工吨原料油取水量。

此外，还有一些工业行业，根据其产品的生产特点，选取适当的取水核算单位，例如毛纺织产品按照工艺路线将产品进行细分，既包括洗净毛等中间产品，也包括羊绒制品等最终产品。

3.1.2　计量统计边界

凡是工业产品生产直接或间接与用水量、取水量发生关系，又可进行计量考核的，都可根据实际需要编制用水或取水定额。产品生产过程一般包括主要生产、辅助生产和附属生产，编制定额所考虑和涉及的水量也是在上述 3 个过程中发生和需要的。

（1）主要生产用水。只要有工业产品的生产就存在主要生产用水，是主要生产系统（主要生产装置、设备）的用水。主要生产用水是工业企业产品在生产过程中的直接用水，也是工业用水的主体，按用途可分为工艺用水、间接冷却水、产汽用水（锅炉用水）和其他用水。如在生产过程中所用的冷却水、洗涤水或作为原料使用的产品用水及生产线内的作业用水都属于主要生产用水，这部分水是编制工业取水定额的主要依据。

（2）辅助生产用水。指为主要生产系统服务的辅助生产系统的用水。辅助生产系统包括工业水净化单元、软化水处理单元、水汽车间、循环水场、机修、空压站、污水处理场、储运、鼓风机站、氧气站、电修、检（化）验等。

（3）附属生产用水。指在厂区内，为生产服务的各种服务、生活系统（如办公楼、食堂、浴室、保健站、绿化、汽车队等）的用水。

取水定额国家标准在制定的过程中，取水量的供给范围一般均包括上述 3 类用水。针对不同行业和产品，取水量供给范围的特点也有所不同。

3.1.3　指标划分及确定原则

定额的主体指标是工业生产过程中的单位产品取水量，结合各工业行业和企业的不同情况，也可以用重复利用率等作为辅助指标。

根据在调查研究过程中对行业用水情况的了解、判断和分析，从总体上来说，通过近年来取水定额标准的深入实施，企业取得了很大的节水效益，尤其是一些新建的大中型企业，在工艺、技术、装备和管理上均可达到国内甚至国际先进水平。然而，企业之间在节水技术水平和管理手段上仍存在着较大的差异，这些为取水定额国家标准的制修订提供了有益参考，据此提出如下指标划分的原则：

（1）取水定额指标划分先进企业、新建和改扩建企业、现有企业三级。

（2）在定额管理中，现有企业取水定额作为计划用水和取水许可核算的重要依据，在制定过程中通常遵循如下原则：

a）淘汰现有企业 20%～30% 落后的工艺或设备；

b）与理论计算值相近；

c）广泛征求专家意见。

（3）新建和改扩建企业取水定额作为新建和改扩建的准入要求，通常为国内先进水平，应优于现有企业平均水平。

（4）先进企业取水定额为鼓励和引导性指标，原则上为本行业国内领先水平。

3.1.4 定额值估算方法

不同的估算方法具有各自的特点和适用条件，因而预算时不能一概而论，应依据行业或产品的不同特点，单独使用某种估算方法或综合使用多种估算方法。常用取水定额值估算方法对比见表 3-1。

表 3-1 常用取水定额值估算方法对比

估算方法	技术要求	优缺点
典型样板法	根据同类因素的相似性类推研究对象的变化规律，适用于产品取水定额值估算	在研究对象的影响因素比较复杂的情况下采用该方法，适用于工业用水定额的制定
时间序列法	要求对象与时间具有较强的关联性，并且有较长系列的资料	充分考虑了定额随时间变化的特点，对积累有较长系列的用水定额的行业或产品，宜采用此方法。但在进行定额的先进性判定时，存在一定的主观性
水平衡测试法	要求有较完整的用水管网和计量体系，有稳定的、代表性的生产周期	能真实反映对象的用水情况，但测试周期长，工序复杂，可操作性差
结构分析法	用于企业生产多种产品时分析确定各产品的取水量	能真实科学地反映各产品的用水情况，适用于生产多种产品的企业，不适用于产品单一的企业或生活服务业
二次平均法	首先将统计样本求均值，再对优于均值的样本求均值，以二次均值作为同类样本的较优值	计算方法简便，所得数据有较强的适用性。但没有考虑产量、气温等因素对定额的影响
定额水平法	通过正态分布函数，先测算出实现定额的可能性，再给出一定的先进性水平下的定额值	量化考虑了随机不确定性因素，可靠性高。但需要大量的统计数据，计算量较大，难以验证概率的预测是否符合实际
冒泡排序法	将各企业的用水定额值从小到大进行排序，按照通过率确定先进定额值	简便易操作，但没有考虑气温、水资源条件、生产技术水平等因素对定额的影响，对调研数据依赖性高

3.2 典型高耗水行业取水定额标准研制

针对轻工、纺织和化工等典型高耗水行业用水效率不高、取水定额标准覆盖面不足的问题，对食糖、乳制品、涤纶、维纶、钛白粉、有机硅等 16 类产品开展用水现状调研，明确取水用水计量考核边界，结合各行业实际情况，通过统计分析等方法确定相应的定额值，并形成取水定额国家标准。

3.2.1　行业用水现状

3.2.1.1　轻工行业

据不完全统计，轻工行业每年取水量在 50 亿 m^3 以上，约占工业取水量的 4%，其中，造纸、食品、发酵和皮革等是主要耗水行业。

（1）造纸行业

据统计，2019 年全国纸及纸板产量 10765 万 t，消费量 10704 万 t，已经连续 11 年位居世界第一。造纸行业既是我国工业用水大户，又是工业节水的重点行业，主要用水是制浆、纸及纸板生产过程。根据生态环境部统计（公布的最新行业数据为 2015 年），2015 年全行业取水量为 28.98 亿 m^3，占当年全国工业取水量的 7.5%，水重复利用率为 75.5%，废水排放量为 23.67 亿 m^3。随着节水技术进步，近两年行业取水量已经降到 20 亿 m^3 以下，废水排放量不到 15 亿 m^3。

（2）食品和发酵行业

食品和发酵行业企业生产约千种产品，2019 年，我国食品发酵行业产量约 3065 万 t，产值约 2557 亿元。其中啤酒、氨基酸、有机酸、淀粉糖、酵母等 20 多个产品产量位居世界第一。

食品和发酵行业是我国高耗水行业之一，取水量约占全国工业取水量的 3%。其中主要产品取水量见图 3-1。食品生产的用水主要包括原料的浸泡水、洗涤水，中间产品处理水，后处理工艺的冷却与冷凝用水等；发酵生产的用水主要包括淀粉

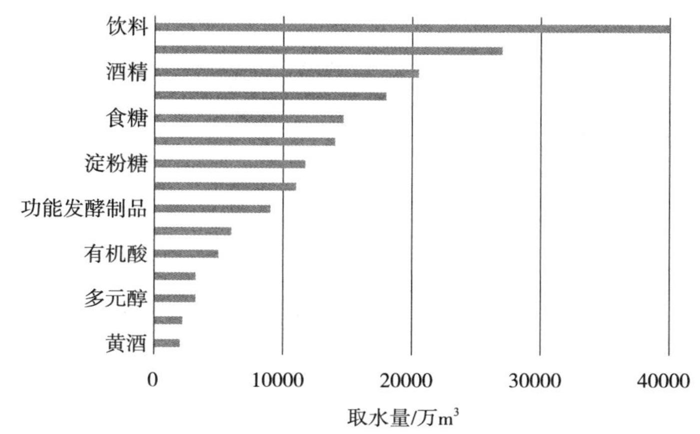

图 3-1　食品和发酵行业主要产品取水量

质原料的处理（浸泡）和拌料用水、糖蜜原料的稀释用水，液化、糖化、发酵、蒸馏、浓缩、结晶等工艺的冷却用水，离子交换柱与膜分离设备处理与洗涤用水等。

（3）皮革行业

我国是世界主要皮革、毛皮及其制品生产地区之一，在国际市场中的地位举足轻重。皮革种类繁多，按原料皮种类可分为牛皮革、羊皮革和猪皮革等，目前我国牛皮革约占70%、羊皮革约占18%、猪皮革约占10%、其他原皮革约占2%。2019年，我国规模以上轻革产量5.74亿m^2。毛皮硝染加工的对象是毛皮原料皮。原料皮种类繁多，用以制裘的高档原料皮包括水貂皮、狐狸皮、貉子皮，另外还有獭兔皮、黄狼皮、艾虎皮等；用以制作裘革两用的原料皮主要是绵羊皮。常见的成品毛皮有水貂毛皮、狐狸毛皮、貉子毛皮、兔毛皮、羊剪绒毛皮等。2019年，中国水貂皮、狐狸皮、貉子皮产量分别为1169万张、1443万张、1359万张。2019年，我国皮革行业取水量为1.06亿m^3，废水排放量为9947万m^3，行业水重复利用率为15%。

3.2.1.2　纺织行业

我国规模以上纺织企业约有2万家，纱、布、化学纤维和服装等主要产品的产量均位居世界第一。2019年，我国纱产量为2827.20万t，布产量为555.20亿m，化学纤维产量为5883.40万t。

我国纺织行业用水量和取水量在全国工业中排名靠前，分居第七位和第四位。2019年，我国纺织工业用水量为80.2亿m^3，取水量为31.4亿m^3，废水排放量为24.4亿m^3，其中主要产品取水量见图3-2。

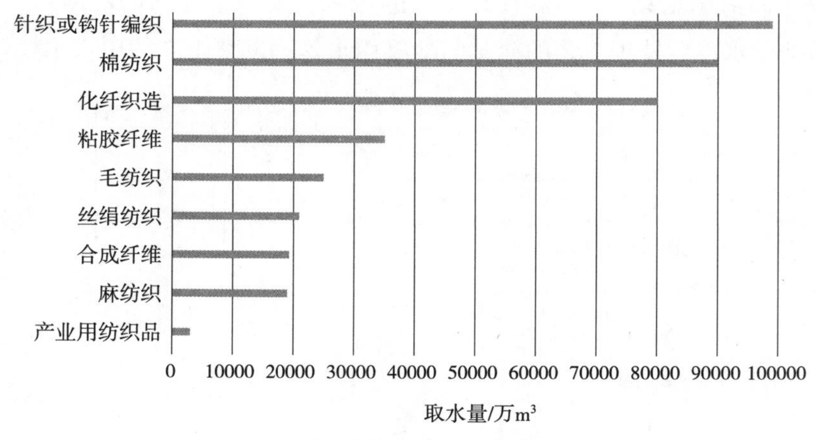

图3-2　纺织行业主要产品取水量

纺织行业企业中用水量最大的为印染企业。印染是一种加工方式，主要为各类天然纤维织物（棉、毛、丝、麻等）、天然纤维与各类化学纤维混纺的织物和纯化学纤维织物染色、印花，水作为介质参与整个印染生产过程，包括对各类织物前处理溶液的配制及漂洗、染色和印花溶液的配制及漂洗、织物经整理后的漂洗等。

近年来，纺织行业积极采取高效用水和节水措施，取水总量逐年下降。其中印染行业单位产品取水量由 2010 年的 2.5m^3/100m 下降到 2019 年的 1.6m^3/100m，累计降幅达 36%，行业水重复利用率由 2010 年的 15% 提高到 2019 年的 40%。尽管如此，受印染废水处理难度大的影响，导致全行业用水效率总体水平较低，水的重复利用率仅为 65.2%。

3.2.1.3　化工行业

化工行业企业主要生产能源和基础原材料，有 4 万多种产品。

据统计，2019 年化工行业取水量为 72.56 亿 m^3，约占当年全国工业取水量的 6%，用水量为 1037 亿 m^3，水重复利用率为 93%，万元增加值取水量为 18m^3/ 万元。化工行业主要产品取水量见图 3-3。

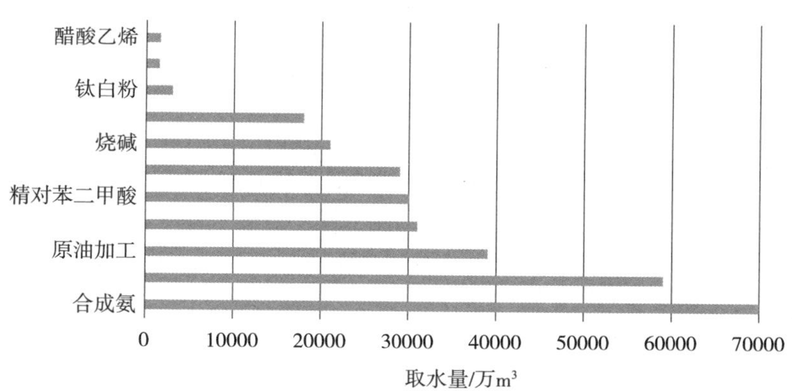

图 3-3　化工行业主要产品取水量

化工行业企业的用水主要包括冷却用水、热力和工艺用水以及洗涤用水等。冷却用水占企业用水量的 80%～90%，占取水量的 20%～30%。冷却用水系统主要采用间接、开式循环冷却水系统。

3.2.2　行业调研及取水定额指标研究

为做好标准的制定工作，充分合理反映食糖、乳制品等 16 类产品总体用水状况，对全国轻工、纺织、化工行业典型企业开展调研，包括其行业概况、取水指标、节水设备、节水技术现状和发展趋势等相关内容。在调研基础上利用二次平均法、冒泡排序法等取水定额值估算方法，对取水定额指标数据进行分析，基于对调研结果的分析，综合考虑行业实际情况、生产工艺、用水特点、行业特殊性及发展趋势等因素，确定食糖等的取水定额指标。轻工、纺织和化工行业各类产品调研情况及取水定额指标见表 3-2。

表 3-2　轻工、纺织和化工行业调研情况及取水定额指标

行业	产品类型	企业类型	样本数	吨糖取水量 / （m^3/t）		
				现有企业	新建和改扩建企业	先进企业
轻工行业	食糖	甘蔗糖厂	30	≤16	≤8	≤2
		甜菜糖厂	10	≤20	≤12	≤5
		炼糖厂	8	≤2.5	≤1.5	≤0.5
	产品类型	产品分类	样本数	吨乳制品取水量 / （m^3/t）		
				现有企业	新建和改扩建企业	先进企业
	乳制品	杀菌乳	21	≤7.5	≤4.5	≤3.5
		灭菌乳	75	≤5.5	≤3.0	≤2.4
		发酵乳	46	≤10.0	≤5.5	≤4.5
		炼乳	6	≤10.0	≤4.5	≤4.0
		乳粉	17	≤35.0	≤20.0	≤15.0
		再制干酪	7	≤20.0	≤12.0	≤10.5
	产品类型	产品分类	样本数	吨罐头食品取水量 / （m^3/t）		
				现有企业	新建和改扩建企业	先进企业
	罐头食品	蔬菜、水果罐头	21	≤22	≤20	≤18
		肉、禽类罐头	8	≤19	≤17	≤16
		水产品罐头	10	≤18	≤16	≤16
		其他罐头食品	6	≤8	≤6	≤5
	产品类型	产品名称	样本数	单位产品取水量 / （m^3/t）		
				现有企业	新建和改扩建企业	先进企业
	酵母制造	酵母制品	16	85	70	65
		酵母衍生制品	7	115	100	90

表 3-2（续）

行业	产品类型	企业类型	工艺	样本数	吨原料皮取水量 /（m^3/t）		
					现有企业	新建和改扩建企业	先进企业
轻工行业	皮革	牛皮革厂	生皮至成品革	9	≤60	≤48	≤48
			生皮至蓝湿革	6	≤42	≤32	≤32
			蓝湿革至成品革	14	≤30	≤27	≤27
		羊皮革厂	生皮至成品革	4	≤65	≤52	≤52
			生皮至蓝湿革	1	≤47	≤36	≤36
			蓝湿革至成品革	2	≤65	≤58	≤58
		猪皮革厂	生皮至成品革	10	≤65	≤52	≤52
			生皮至蓝湿革	5	≤47	≤36	≤36
			蓝湿革至成品革	7	≤35	≤32	≤32

行业	产品类型	工艺	样本数	标准张绵羊皮取水量 /（L/ 标准张）		
				现有企业	新建和改扩建企业	先进企业
轻工行业	毛皮	生皮至成品毛皮	89	≤380	≤320	≤305
		生皮至已鞣毛皮	63	≤225	≤190	≤180
		已鞣毛皮至成品毛皮	75	≤155	≤130	≤125

行业	产品类型	产品名称	样本数	单位产品取水量 /（m^3/t）		
				现有企业	新建和改扩建企业	先进企业
纺织行业	聚酯涤纶产品	聚酯熔体或切片	22	≤1.2	≤0.8	≤0.4
		熔体纺长丝	17	≤1.6	≤1.3	≤1.0
		切片纺长丝	10	≤3.7	≤3.3	≤2.5
		工业长丝	5	≤1.9	≤1.6	≤1.4
		短纤维	6	≤2.2	≤1.6	≤1.2

行业	产品类型	产品名称		样本数	单位产品取水量 /（m^3/t）		
					现有企业	新建和改扩建企业	先进企业
纺织行业	维纶产品	聚乙烯醇		12	≤25	≤21	≤16
		维纶纤维	高强高模聚乙烯醇纤维	12	≤96	≤70	≤35
			水溶性聚乙烯醇纤维	8	≤80	≤50	≤27

表 3-2（续）

<table>
<tr><td rowspan="16">纺织行业</td><td rowspan="2">产品类型</td><td rowspan="2" colspan="2">产品名称</td><td rowspan="2">样本数</td><td colspan="3">单位产品取水量 / （m³/t）</td></tr>
<tr><td>现有企业</td><td>新建和改扩建企业</td><td>先进企业</td></tr>
<tr><td>氨纶产品</td><td colspan="2">氨纶产品</td><td>36</td><td>≤20</td><td>≤16</td><td>≤14</td></tr>
<tr><td rowspan="2">产品类型</td><td rowspan="2" colspan="2">产品名称</td><td rowspan="2">样本数</td><td colspan="3">单位产品取水量 / （m³/t）</td></tr>
<tr><td>现有企业</td><td>新建和改扩建企业</td><td>先进企业</td></tr>
<tr><td rowspan="4">锦纶产品</td><td rowspan="2">切片</td><td>民用</td><td>10</td><td>≤3.5</td><td>≤3.1</td><td>≤2.7</td></tr>
<tr><td>工业用</td><td>6</td><td>≤3.7</td><td>≤3.3</td><td>≤2.9</td></tr>
<tr><td rowspan="2">长丝</td><td>民用</td><td>20</td><td>≤2.7</td><td>≤2.4</td><td>≤2.1</td></tr>
<tr><td>工业用</td><td>8</td><td>≤2.8</td><td>≤2.5</td><td>≤2.2</td></tr>
<tr><td rowspan="2">产品类型</td><td rowspan="2" colspan="2">产品名称</td><td rowspan="2">样本数</td><td colspan="3">单位产品取水量 / （m³/t）</td></tr>
<tr><td>现有企业</td><td>新建和改扩建企业</td><td>先进企业</td></tr>
<tr><td rowspan="5">再生涤纶产品</td><td colspan="2">聚酯（PET）泡料</td><td>14</td><td>≤0.80</td><td>≤0.60</td><td>≤0.55</td></tr>
<tr><td colspan="2">聚酯（PET）瓶片</td><td>22</td><td>≤2.0</td><td>≤1.5</td><td>≤1.1</td></tr>
<tr><td rowspan="2">长丝</td><td>涤纶预取向丝（POY）</td><td>4</td><td>≤2.2</td><td>≤1.8</td><td>≤1.6</td></tr>
<tr><td>涤纶牵伸丝（FDY）</td><td>12</td><td>≤3.0</td><td>≤2.4</td><td>≤2.2</td></tr>
<tr><td colspan="2">短纤维</td><td>50</td><td>≤2.2</td><td>≤1.8</td><td>≤1.3</td></tr>
<tr><td rowspan="12">化工行业</td><td rowspan="2">产品类型</td><td rowspan="2" colspan="2">产品名称</td><td rowspan="2">样本数</td><td colspan="3">吨钛白粉取水量 / （m³/t）</td></tr>
<tr><td>现有企业</td><td>新建和改扩建企业</td><td>先进企业</td></tr>
<tr><td>钛白粉</td><td colspan="2">钛白粉</td><td>16</td><td>≤70</td><td>≤52</td><td>≤40</td></tr>
<tr><td rowspan="2">产品类型</td><td rowspan="2" colspan="2">产品名称</td><td rowspan="2">样本数</td><td colspan="3">吨有机硅取水量 / （m³/t）</td></tr>
<tr><td>现有企业</td><td>新建和改扩建企业</td><td>先进企业</td></tr>
<tr><td>有机硅</td><td colspan="2">有机硅</td><td>11</td><td>≤20</td><td>≤15</td><td>≤12</td></tr>
<tr><td rowspan="2">产品类型</td><td rowspan="2" colspan="2">产品名称</td><td rowspan="2">样本数</td><td colspan="3">单位产品取水量 / （m³/t）</td></tr>
<tr><td>现有企业</td><td>新建和改扩建企业</td><td>先进企业</td></tr>
<tr><td>醋酸乙烯</td><td colspan="2">醋酸乙烯</td><td>7</td><td>≤11.5</td><td>≤7.5</td><td>≤6.0</td></tr>
<tr><td rowspan="2">产品类型</td><td rowspan="2" colspan="2">产品名称</td><td rowspan="2">样本数</td><td colspan="3">吨对二甲苯取水量 / （m³/t）</td></tr>
<tr><td>现有企业</td><td>新建和改扩建企业</td><td>先进企业</td></tr>
<tr><td>对二甲苯</td><td colspan="2">对二甲苯</td><td>12</td><td>≤3.3</td><td>≤1.7</td><td>≤0.7</td></tr>
</table>

表 3-2（续）

<table>
<tr><td rowspan="2">化工行业</td><td rowspan="2">产品类型</td><td rowspan="2">产品名称</td><td rowspan="2">样本数</td><td colspan="3">吨精对二甲苯取水量 /（m^3/t）</td></tr>
<tr><td>现有企业</td><td>新建和改扩建企业</td><td>先进企业</td></tr>
<tr><td rowspan="2"></td><td rowspan="2">精对苯二甲酸</td><td>非海水冷却</td><td>11</td><td>≤9.3</td><td>≤6.8</td><td>≤5.8</td></tr>
<tr><td>海水冷却</td><td>2</td><td>≤3.5</td><td>≤3.3</td><td>≤3.0</td></tr>
<tr><td colspan="7">注：1. 乳粉不包括脱脂乳粉。
2. 其他罐头食品指米面食品类罐头，如粥类罐头等。
3. 酵母制品和酵母衍生制品混合生产的酵母制造企业的取水定额为酵母制品取水定额和酵母衍生制品取水定额按产量的加权平均。
4. 1 标准张绵羊皮面积为 8.0ft^2（1ft^2=0.093m^2）。
5. 海水冷却指以海水作为冷却水系统的主要（直接或间接）冷却介质，且海水冷却水量占总冷却水量的 75% 及以上。</td></tr>
</table>

3.3　取水定额标准评估体系研究

标准实施效果评价工作受到党中央、国务院的高度重视，2021 年印发的《国家标准化发展纲要》中明确提出“加强标准制定和实施的监督。健全覆盖政府颁布标准制定实施全过程的追溯、监督和纠错机制，实现标准研制、实施和信息反馈闭环管理。开展标准质量和标准实施第三方评估，加强标准复审和维护更新。”

作为支撑计划用水管理、取水许可制度的重要水资源管理手段，取水定额标准已发布 60 项，是节水国家标准中发布量最大、涉及行业最多、实施面最广的系列标准。这些标准的实施情况如何、取得哪些效益、是否仍然满足当前市场和管理的需求、哪些因素影响其实施效果、如何抓住关键环节提高标准制修订的科学性和前瞻性，成为标准化工作者、政府管理部门关心的重要问题。本节采用层次分析法（AHP）构建取水定额标准实施效果的评价指标体系，并以 GB/T 18916.1—2012《取水定额　第 1 部分：火力发电》（现行有效版本为 GB/T 18916.1—2021）为例进行实证分析，为后续其他取水定额标准的评价工作提供借鉴。

3.3.1　研究现状

国际上关于标准的经济效益的研究较多，主要从对国家经济的贡献（宏观）

和企业应用标准（微观）获得的利益两个层面展开。2005—2016 年，英国、法国、加拿大、德国等在宏观经济层面开展了标准化经济效益评价。这些研究普遍采用柯布－道格拉斯生产函数（Cobb-Douglas production function）分析标准净存量变化与生产率增长之间的长期关系，结果表明标准对经济有正向促进作用：对英国、法国、加拿大、德国的经济增长贡献分别达到 0.3%～0.7%、0.8%、0.3%、0.7%～0.9%。在企业层面，国际标准化组织（ISO）基于价值链（value chain）模型，开发了标准经济效益定量评价方法，着重对行业、企业进行解构，分析各职能部门的各项经营活动，结合它们在价值链中的地位和受标准的影响，推算标准对职能部门和企业的影响，结合行业价值链，可扩展为对行业的影响。

标准的实施效益评价也是我国标准化工作的重要内容，对于标准化效益的评价强调定性或半定量的综合评价，但总体仍处于探索阶段。在理论研究方面：叶柏林（1984 年）编写的《标准化经济效果基础》（出版单位：中国标准出版社）一书中，对标准化经济效果研究进行了较系统的总结，汇总和整理了国内外标准化经济效益定量评价与计算方法；宋毅和乔治（2015 年）总结了一套能够定性定量评价标准实施效果的方法，并针对标准质量监督过程中存在的问题提出了解决方法。在应用研究方面：何华（1996 年）对某化工厂甲醛生产标准化的经济效益进行了实证分析；阮金元等（2001 年）从实行标准化后企业各项费用的节约角度构建了企业标准化经济效益评价体系；李林杰和梁婉君（2006 年）构建了较为系统、全面的农业标准化评价指标体系，该体系由 5 个一级指标、15 个二级指标构成，从农业标准化基础水平、建设水平、实施程度、经济效益、生态效益等方面对我国农业标准化总体水平做出了评价；张健（2008 年）构建了包括制造业技术标准的战略意识倾向、战略制定、战略实施、战略实施效果、战略监督等五方面在内的制造业技术标准战略评价体系；侯韩芳等（2018 年）以 GB/T 6067《起重机械安全规程》和 GB 17930《车用汽油》为切入点，围绕其在山东省内的实施情况，构建了两个统计分析指标体系；陶学明等（2013 年）探讨了以标准的结构要素、价值链和利益相关方为基础的农业标准实施效果评价方法；毛凯等（2016 年）针对工程建设标准提出了实施效果评价的工作方法和程序流程。“ISO 方法论”公布以来，我国标准化工作者开展了标准化经济效益应用研究：戚彬芳等采用价值链方法的研究结果表明，有效实施 ISO 9001 对国内某服装企业带来相当于公司年产值的 9.27% 的经济效益；2017 年，我国修订了 GB/T 3533《标准化效益评价》系列国家标准，其中的经济效益评价也开始采用基于价值链模型的方法；一些地方标准管理部门也积极开展标准实施效果评价的规范化工作，比如，安徽省的 DB34/T 2000《标准实施效果评价》系列地方标准给出了产品标准实施效果的经济、社会和生态效益的评价计算方法。

综上所述，目前国外大多数研究集中于对标准实施效果的经济效益进行评价。我国在标准化效果评价指标体系构建上做了很多研究，但由于没有完善的数据基础，缺乏充足的统计理论、方法和工具的支撑，缺少完整的应用研究结论，水资源节约领域标准实施效果的研究更是凤毛麟角。开展取水定额标准实施效果评价研究，可帮助标准化工作者了解标准化工作的收益，同时找到短板，促进取水定额指标和管理水平的进步和提高。

3.3.2　评价指标体系构建

3.3.2.1　指标构成

取水定额标准是计划用水和取水许可制度实施的依据。水行政主管部门依据取水定额标准考核行业和企业用水效率、评价节水水平，企业依据取水定额标准制定生产计划并进行内部节水管理。在构建评估体系时，应分别考虑以下两种情况：当管理部门使用取水定额标准对企业取水进行核算或进行水资源论证时，标准的实施主体为管理部门，实施对象是企业；当企业使用取水定额标准对企业内部进行节水管理时，实施主体则是企业。

3.3.2.1.1　实施效益

标准实施效益评价包括经济效益、社会效益和生态效益（见表 3-3）。取水定额标准是实施计划用水和取水许可制度的技术依据。标准实施后，取得的主要经济效益是节水量，并由此而获得节水的费用；社会效益体现在企业的社会责任，包括企业参与水效领跑者和节水型企业评选并获得相关称号，参与地方主管部门组织的节水型单位创建并获得相关称号，参与相关节水标准示范试点等；生态效益是指标准实施后企业的废水排放量、能源消耗量、碳排放量减少的情况。

表 3-3　实施效益评价指标

一级指标	二级指标
经济效益	节水量
社会效益	社会责任
生态效益	废水排放量、能源消耗量、碳排放量减少

3.3.2.1.2　实施情况

标准实施情况评价包括标准推广、标准执行和标准引用（见表 3-4）。

表 3-4　实施情况评价指标

一级指标	二级指标	评价内容
标准推广	标准传播及其衍生材料传播	标准的销售量、查询（点击）量、下载量等情况
		标准衍生材料的发行量、销售量等情况
		科技论文对标准的引用情况
标准执行	管理部门对标准的采用	政府相关政策文件、制度、规划等采用标准情况
		流域机构、地方主管部门下发相关政策文件情况
		行业协会下发文件推动标准实施情况
	企业对标准的采用	企业对标准的认知执行情况
		企业相关管理制度文件引用标准的情况
	第三方机构对标准的采用	第三方机构提供水平衡测试、用水审计、水效对标等节水服务时采用标准情况
		采购方指定采用标准情况
标准引用	被政策法规、国内外标准等引用	被政策法规引用的情况
		被国家标准引用的情况
		被行业标准引用的情况
		被地方标准引用的情况
		被国际（国外）标准引用的情况

（1）标准推广

标准推广以标准及其衍生材料的销售量、查询（点击）量、下载量和科技论文引用情况进行评价。其中，标准衍生材料包括标准实施配套的指南、解读材料等。目前，国家标准在全国标准信息公共服务平台上已经基本实现全文公开，推荐性国家标准可以全文预览，通过查询取水定额标准在平台上的点击下载量获得标准下载量数据。标准及其衍生材料的销售量由出版发行数据获得。科技论文主要包括知网、万方等数据平台上的论文，对有关取水定额标准制定方法研究、引用取水定额标准等的科技论文情况进行调查评价。

（2）标准执行

标准执行包括管理部门、企业和第三方机构对标准的采用。其中，管理部门对标准的采用主要从政策文件等采用标准情况以及流域机构、地方主管部门下发相关政策文件情况进行评价，此外，还应对相关行业协会下发文件推动标准实施情况进行评价。企业对标准的采用主要通过下发调查问卷的形式评价企业对标准的认知执行情况以及相关管理制度文件引用标准的情况等。第三方机构对标准的采用包括第三方机构提供水平衡测试、用水审计、水效对标等节水服务时采用标准情况；由于取水定额标准可以根据行业特点选择相应的取水核算单位，若取水核算单位是最终产品、中间产品或初级产品的，还应针对下游采购方指定采用标准情况进行评价。

（3）标准引用

标准引用分别从被政策法规、国内外标准等引用的情况进行评价。其中，政策法规包括《中华人民共和国水法》《取水许可和水资源费征收管理条例》等，国家标准包括节水型企业、用水管理、节水评估等相关标准，行业标准包括清洁生产评价指标体系等相关标准，地方标准包括 31 个省（区、市）用水定额标准，国际（国外）标准包括 ISO 等标准。

3.3.2.1.3　技术指标

标准技术指标评价包括适用性、先进性和协调性（见表 3-5）。取水定额标准作为计划用水和取水许可核算的重要依据，制定过程中原则上要淘汰现有企业 20%～30% 落后产能，以达到促进落后产能达标的目的。适用性评价将现有行业情况与标准制定时的行业情况进行对比，确定是否达到标准制定时的目的，同时，通过对行业现状的调研分析，确定定额指标与市场发展需求的一致程度。国外在取水定额标准方面研究较少，美国、澳大利亚、日本等推行国家水资源标准项目，对水资源进行检测、管理，建立评价体系，强化用水管理。因此，可将取水定额标准的技术指标与国际或国外的水资源等相关标准进行对比，确定先进性，同时，通过对国外有关行业企业取用水情况的调研，分析确定与国外行业水平相比的先进性。与国内清洁生产评价指标体系标准、地方用水定额标准、涉及取水定额指标的相关标准文件以及相关政策法规进行对比，确定技术指标协调一致的情况。

表 3-5　技术指标评价指标

一级指标	二级指标
适用性	促进落后产能达标
	与市场发展需求的一致程度
先进性	与国际（国外）标准、国外行业水平相比的先进程度
协调性	与国内相关标准文件协调一致程度
	与相关政策法规协调一致程度

在上述分析的基础上，通过专家咨询、文献调研等方式，基于 AHP 理论确定了取水定额标准实施效果评价指标模型，如图 3-4 所示。该模型为四层，即目标层、准则层、一级指标和二级指标。目标层为取水定额标准实施效果；准则层由实

施效益、实施情况和技术指标构成；每个准则层下设一级指标，实施效益包含经济、社会和生态效益三项，实施情况包含标准推广、执行和引用三项，技术指标包含适用性、先进性和协调性三项；一级指标下设 13 项二级指标。

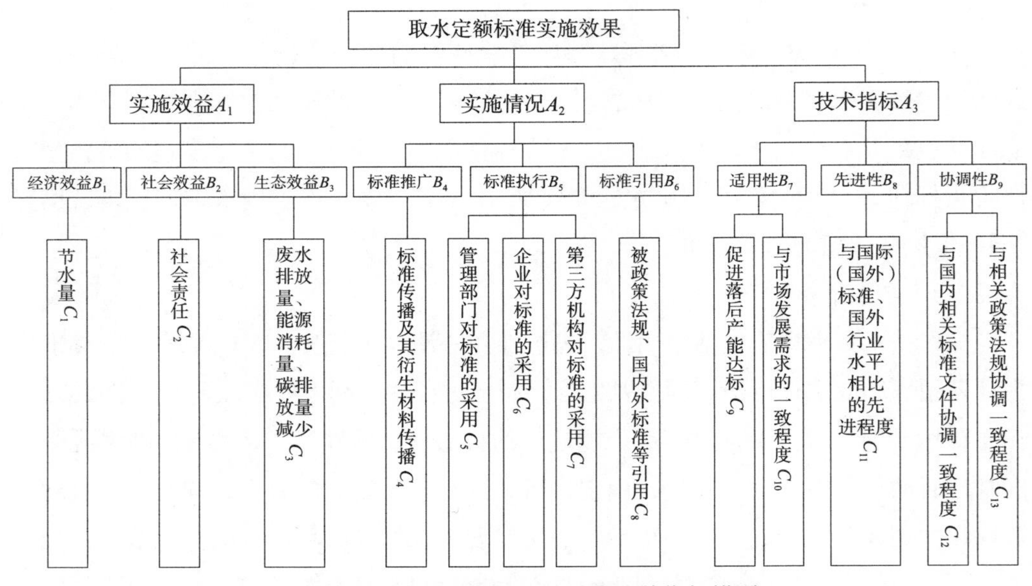

图 3-4　取水定额标准实施效果评价指标模型

3.3.2.2　指标权重

采用 AHP 确定各指标的权重。通过开展指标两两比对重要性调查，确定指标相对重要性程度，按照托马斯·塞蒂（T.L.Saaty）给出的方法赋值，构建比较判断矩阵 $A=(\alpha_{ij})_{m\times n}$。通过满足一致性检验的 $A=(\alpha_{ij})_{m\times n}$ 的最大特征值 $\lambda_{\max}$ 所对应的特征向量 w，可表示为下层指标对上层指标影响的权重。

对 38 位行业专家进行了指标重要性问卷调研。参与调研的专家主要来自协会团体、科研院所和企业，总占比为 84.2%，来自政府管理部门、高等院校等机构的专家占比 15.8%；高级职称占 78.95%，从业时间 6 年及以上的专家占比达到 97.4%。根据重要性比对结果，分别建立准则层指标（A）、一级指标（B）、二级指标（C）的判断矩阵，对判断矩阵进行一致性检验，计算一级指标、准则层和目标层的下层指标的特征向量、最大特征值等。特征向量即为对其上层指标影响的权重，见表 3-6。

表 3-6　取水定额标准实施效果评价指标对其上层指标影响的权重

准则层指标 A	权重 w_a	一级指标 B	权重 w_b	二级指标 C	权重 w_c
实施效益（A_1）	0.2	经济效益（B_1）	0.2	节水量（C_1）	1
		社会效益（B_2）	0.2	社会责任（C_2）	1
		生态效益（B_3）	0.6	废水排放量、能源消耗量、碳排放量减少（C_3）	1
实施情况（A_2）	0.3	标准推广（B_4）	0.1	标准传播及其衍生材料传播（C_4）	1
		标准执行（B_5）	0.2	管理部门对标准的采用（C_5）	0.3
				企业对标准的采用（C_6）	0.5
				第三方机构对标准的采用（C_7）	0.2
		标准引用（B_6）	0.7	被政策法规、国内外标准等引用（C_8）	1
技术指标（A_3）	0.5	适用性（B_7）	0.7	促进落后产能达标（C_9）	0.3
				与市场发展需求的一致程度（C_{10}）	0.7
		先进性（B_8）	0.2	与国际（国外）标准、国外行业水平相比的先进程度（C_{11}）	1
		协调性（B_9）	0.1	与国内相关标准文件协调一致程度（C_{12}）	0.3
				与相关政策法规协调一致程度（C_{13}）	0.7

由表 3-6 中各层指标综合权重体系可知，影响取水定额标准实施效果的准则层指标中，技术指标的贡献率为 50%，其中适用性对技术指标影响最大，在评价过程中需要高度重视。对某行业的取水定额标准的实施效果进行评价时，在获得实施效果相关数据后，采用上述评价模型，综合分析即可获得该项标准的实施效果评价结果。

3.3.3　火力发电取水定额标准（GB/T 18916.1—2012）实施效果评价

3.3.3.1　评分规则

取水定额标准实施效果评价指标体系分为实施效益、实施情况、技术指标三类共 13 项指标，按照指标要求实现的难易程度，每项评估指标对应的评价分为Ⅰ级、Ⅱ级和Ⅲ级，各级别对应标准实施效果的评分规则见表 3-7。

表 3-7　评分规则

序号	指标类型	评价要素	评价指标	评价等级（得分）		
				Ⅰ级（5 分）	Ⅱ级（3 分）	Ⅲ级（1 分）
1	实施效益	经济效益	节水量	标准实施后，实现年节水量占行业年取水量≥10%	标准实施后，实现年节水量占行业年取水量 5%～10%	标准实施后，实现年节水量占行业年取水量<5%
2		社会效益	社会责任	满足以下三个方面的要求：1）参与水效领跑者和节水型企业评选并获得相关称号；2）参与节水型单位创建并获得相关称号；3）参与相关节水标准示范试点	满足以下要求中的两个方面：1）参与水效领跑者和节水型企业评选并获得相关称号；2）参与节水型单位创建并获得相关称号；3）参与相关节水标准示范试点	满足以下要求中的一个方面：1）参与水效领跑者和节水型企业评选并获得相关称号；2）参与节水型单位创建并获得相关称号；3）参与相关节水标准示范试点
3		生态效益	废水排放量、能源消耗量、碳排放量减少	标准实施后，实现废水排放量减少≥10%，实现能源消耗量和碳排放量减少≥5%	标准实施后，实现废水排放量减少 5%～10%，实现能源消耗量和碳排放量减少 2%～5%	标准实施后，实现废水排放量减少<5%，实现能源消耗量和碳排放量减少<2%
4	实施情况	标准推广	标准传播及其衍生材料传播	满足以下三个方面的要求：1）标准正式发布后，开展过标准宣贯培训；2）科技论文对标准有引用；3）有标准的宣贯教材及相关书籍等衍生材料	满足以下要求中的两个方面：1）标准正式发布后，开展过标准宣贯培训；2）科技论文对标准有引用；3）有标准的宣贯教材及相关书籍等衍生材料	满足以下要求中的一个方面：1）标准正式发布后，开展过标准宣贯培训；2）科技论文对标准有引用；3）有标准的宣贯教材及相关书籍等衍生材料
5		标准执行	管理部门对标准的采用	满足以下三个方面的要求：1）政府相关政策文件、制度、规划等采用标准；2）流域机构、地方主管部门下发相关政策文件；3）行业协会下发文件推动标准实施	满足以下要求中的两个方面：1）政府相关政策文件、制度、规划等采用标准；2）流域机构、地方主管部门下发相关政策文件；3）行业协会下发文件推动标准实施	满足以下要求中的一个方面：1）政府相关政策文件、制度、规划等采用标准；2）流域机构、地方主管部门下发相关政策文件；3）行业协会下发文件推动标准实施

表 3-7（续）

序号	指标类型	评价要素	评价指标	评价等级（得分）		
				Ⅰ级（5 分）	Ⅱ级（3 分）	Ⅲ级（1 分）
6	实施情况	标准执行	企业对标准的采用	企业对标准了解并掌握，同时在相关管理文件中采用标准	企业对标准了解并掌握，但未在相关管理文件中采用标准	企业对标准不了解，且未在相关管理文件中采用标准
7			第三方机构对标准的采用	第三方机构提供水平衡测试、用水审计、水效对标等节水服务时采用标准，采购方指定采用标准	第三方机构提供水平衡测试、用水审计、水效对标等节水服务时采用标准	第三方机构提供水平衡测试、用水审计、水效对标等节水服务时未采用标准
8		标准引用	被政策法规、国内外标准等引用	满足以下要求中的三个方面：1）标准被政策法规引用；2）标准被国家标准引用；3）标准被行业标准引用；4）标准被地方标准引用；5）标准被国际（国外）标准引用	满足以下要求中的两个方面：1）标准被政策法规引用；2）标准被国家标准引用；3）标准被行业标准引用；4）标准被地方标准引用；5）标准被国际（国外）标准引用	满足以下要求中的一个方面：1）标准被政策法规引用；2）标准被国家标准引用；3）标准被行业标准引用；4）标准被地方标准引用；5）标准被国际（国外）标准引用
9	技术指标	适用性	促进落后产能达标	促进 20% 以上落后产能达标	促进 10%～20% 落后产能达标	促进 10% 以下落后产能达标
10			与市场发展需求的一致程度	定额指标与行业现有水平相符	定额指标高于行业现有水平	定额指标低于行业现有水平
11		先进性	与国际（国外）标准、国外行业水平相比的先进程度	技术指标高于国际（国外）标准、国外行业水平	技术指标与国际（国外）标准、国外行业水平相当	技术指标低于国际（国外）标准、国外行业水平
12		协调性	与国内相关标准文件协调一致程度	技术指标高于相关国家标准、行业标准、地方标准要求	技术指标与相关国家标准、行业标准、地方标准要求相当	技术指标低于相关国家标准、行业标准、地方标准要求
13			与相关政策法规协调一致程度	技术指标高于相关政策法规要求	技术指标与相关政策法规要求一致	技术指标低于相关政策法规要求

在标准实施效果评价指标的评分过程中，主要涉及两类指标的评分，一是单项指标评分，即调研得到的二级指标评分；二是综合指标评分，是基于下一层次的各指标项得分通过模型计算得到的，这里主要指二级指标以上的指标项，包括一级指标、准则层和目标层。

根据建立的指标评级规则，确定各个二级指标的评分。综合指标评分与单项指标评分不同，通常是由多项因素引起而产生的综合效应。综合评分的量化方法是根据各指标项的得分与对应权重系数进行综合计算，见式（3-2）：

$$S_i = \sum P_{i-1} w_{i-1} \qquad (3\text{-}2)$$

式中，S_i 代表某综合指标的评分；P_{i-1} 代表直接隶属于 S_i 的下层指标项的得分，w_{i-1} 代表 P_{i-1} 对应的权重系数。

3.3.3.2　行业调研

在对 265 家火力发电企业进行调研的基础上，采用前述指标体系和评价方法，对 GB/T 18916.1—2012 的实施效果进行评价。调研围绕建立的评价指标体系展开，主要内容包括企业基本情况（规模、机组冷却形式、单机容量等）、取用水情况（年取水量、非常规水资源占比、单位发电量取水量、单位装机容量取水量、循环冷却水排污水回用率、废水回用率等）和标准执行情况（对标准的认知、节水管理对标准的采用、执行标准后取得的效益等）。

调研企业遍布 28 个省（区、市），如图 3-5 所示，样本量丰富，代表性强。从冷却方式看，调研企业中采用直流冷却的有 45 家，采用循环冷却的有 146 家，采用空气冷却的有 44 家，同时采用循环冷却和直流冷却的有 7 家，同时采用循环冷

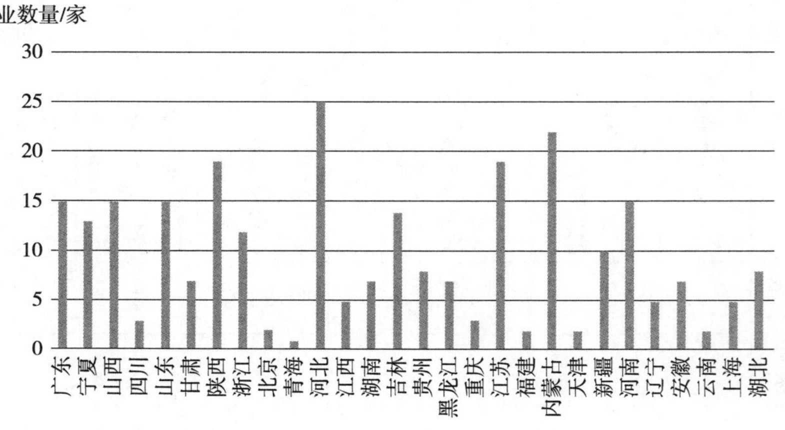

图 3-5　调研的火力发电企业分布图

却和空气冷却的有 20 家，采用三种冷却形式的有 3 家。从装机容量上看，配备单机容量＜300MW 机组的有 45 家，配备单机容量 300MW 级机组的有 96 家，配备单机容量 600MW 级及以上机组的有 94 家，同时配备单机容量＜300MW 和单机容量 300MW 级机组的有 7 家，同时配备单机容量＜300MW 和单机容量 600MW 级及以上机组的有 4 家，同时配备单机容量 300MW 级和单机容量 600MW 级及以上机组的有 19 家。

3.3.3.3　实施效益评价

3.3.3.3.1　经济效益

根据统计，2017 年全行业的单位发电量取水量为 1.25m^3/（MW · h），比 2012 年降低了约 41.9%，2013—2016 年累计节水量约 140 亿 m^3。2017 年节水量为 6 亿 m^3，2017 年行业年取水量为 59.6 亿 m^3，因此年节水量约占行业年取水量的 10.07%。

综上，该项指标满足Ⅰ级要求，得 5 分。

3.3.3.3.2　社会效益

GB/T 18916.1—2012 为节水主管部门开展水资源论证、计划用水和取水许可提供重要依据，为企业的节水管理和技术创新发挥了重要的作用，被省级水行政主管部门采纳，作为制定省级用水定额的重要参考。GB/T 18916.1—2012 的实施，进一步培育了社会节水意识，提升了火电行业节水管理水平，促进了企业节水技术进步，推动了节水型企业创建，提高了用水效率，节约了水资源。GB/T 18916.1—2012 对火电行业落实十九大提出的“实施国家节水行动”、“十三五”水资源消耗总量和强度双控行动、非居民用水超定额累进加价等政策制度的实施具有重要的支撑作用。2017 年，浙江省经信委、住房和城乡建设厅、水利厅和节约用水办公室联合印发《关于开展节水型企业建设工作的通知》，对火电行业等高耗水行业规模以上企业或年取水量超过 5 万 m^3 的企业设置了取水上限。

综上，该项指标满足Ⅲ级要求，得 1 分。

3.3.3.3.3　生态效益

（1）废水排放量

根据电力行业统计分析，2012—2017 年全国火电厂废水排放量情况见表 3-8。通过计算可知，2012—2017 年全国火电厂废水排放量减少 49%，平均年废水排放量减少 9.8%。通过调研，火电厂实施 GB/T 18916.1—2012 后，28% 的企业废水排放量明显下降，18.7% 的企业实现了废水零排放。

表 3-8　2012—2017 年全国火电厂废水排放量

年份	2012	2013	2014	2015	2016	2017
单位发电量废水排放量 kg/（kW·h）	0.141	0.089	0.070	0.067	0.064	0.060
年发电量 亿 kW·h	38928.10	42470.10	44001.11	42841.88	44370.68	46627.39
废水排放量 亿 t	5.49	3.78	3.08	2.87	2.84	2.80

（2）能源消耗量

火电厂节水对能耗的影响主要体现在：空冷技术热效率较水冷机组低，采用空冷技术节水是以多耗煤为前提的。通过调查 2015—2017 年主要发电集团 60MW 级空冷机组的能耗情况（见表 3-9）可知，供电煤耗增加了 0.15%。冷却塔水量损失是火电厂耗水的主要原因之一，其损失水量的大小主要取决于循环水量的大小。但在实际运行中，冷却塔经常偏离设计条件，出塔水温度高于设计值导致机组能耗增加，以 300MW 级机组为例，出塔水温每升高 1℃，供电煤耗增加约 1g/（kW·h）。如果要维持能耗不变，必须增加循环水总量，从而水耗也将增加。降低系统补水率也是火电厂节水的措施之一，300MW 级机组，补水率每下降 1%，供电煤耗降低约 0.3g/（kW·h）；600MW 级机组，补水率每下降 1%，供电煤耗降低约 0.6g/（kW·h）。

表 3-9　2015—2017 年主要发电集团 600MW 级空冷机组能耗

年份		2015	2016	2017
供电煤耗平均值 g/（kW·h）	超超临界纯凝式	298.53	299.46	301.25
	超临界纯凝式	318.06	318.27	317.35
	亚临界纯凝式	330.21	329.32	329.63
平均		315.6	315.68	316.08

（3）碳排放量

通过文献资料和行业调研，2017 年我国污水处理平均电耗约为 0.29kW·h/m^3，自来水厂供水平均电耗约为 0.59kW·h/m^3。2013—2017 年全国火电厂废水排放量减少 0.98 亿 m^3，则电耗减少 0.28 亿 kW·h。2013—2017 年累计节水约 140 亿 m^3，电耗减少 82.6 亿 kW·h。综上，2013—2017 年全国火电厂因节水和减少废水排放产生的电耗减少量为 82.88 亿 kW·h。由中国电力企业联合会发布的《中国电力行业年度发展报告 2018》可知，单位发电量二氧化碳排放约为 0.599kg/（kW·h），因此 2013—2017 年火电行业因节水和减少废水排放量产生的二氧化碳减排量为 496.5 万 t。

综上，该项指标满足Ⅱ级要求，得 3 分。

3.3.3.4　实施情况评价

3.3.3.4.1　标准推广

标准传播及其衍生材料传播等反映标准推广情况。部分标准衍生材料下载量统计见表 3-10。标准衍生书籍——《取水定额标准化理论、方法和应用》于 2015 年 4 月由中国标准出版社正式出版，销售量超过 1000 册。

表 3-10　部分标准衍生材料下载量统计

序号	题名	来源	发表时间	数据库	下载量
1	用水效率控制红线基础条件之——单位产品取水定额制定的探讨	中国水利学会会议论文集	2013 年	论文集	20 次
2	工业和信息化部　水利部　国家统计局　全国节约用水办公室关于印发《重点工业行业用水效率指南》的通知	广西节能	2013 年	期刊	25 次
3	水资源对内蒙古火力发电的限制及对策	吉林电力	2014 年	期刊	55 次
4	工业取水定额修订与实施管理有关问题的探讨	中国水利	2015 年	期刊	54 次

综上，该项指标满足 Ⅰ 级要求，得 5 分。

3.3.3.4.2　标准执行

（1）管理部门对标准的采用

《节水型社会建设“十二五”规划》（水利部 2012 年 1 月）中提出“尽快建立和完善取水定额标准体系，加快修订不符合节水要求的取水定额、节水技术标准及规范。”《水污染防治行动计划》（国发〔2015〕17 号）中提出“制定国家鼓励和淘汰的用水技术、工艺、产品和设备目录，完善高耗水行业取用水定额标准。”《全民节水行动计划》（发改环资〔2016〕2259 号）中指出“科学制定工业行业的用水定额，逐步降低产品用水单耗。探索建立用水超定额产能的淘汰制度，倒逼企业提高节水能力。”《“十三五”水资源消耗总量和强度双控行动方案》（水资源〔2016〕379 号）中指出“到 2020 年，建立覆盖主要农作物、工业产品和生活服务行业的先进用水定额体系，定额实行动态修订。严格用水定额和计划管理，强化行业和产品用水强度控制。”《节水型社会建设“十三五”规划》（发改环资〔2017〕128 号）

中指出“建立先进的用水定额体系，到2020年全面覆盖主要农作物、工业产品和生活服务行业。”《国家发展改革委 住房城乡建设部关于加快建立健全城镇非居民用水超定额累进加价制度的指导意见》（发改价格〔2017〕1792号）中指出“各地可选用国家分行业取用水定额标准，也可结合当地非居民用户的生产、经营用水实际情况，制定严于国家标准的分行业用水定额，为建立健全非居民用水超定额累进加价制度奠定基础。”

《河北省水资源消耗总量和强度双控实施方案（2016—2020年）》中提到“钢铁、造纸、火力发电等高耗水行业达到全国先进用水定额标准。”《上海市“十三五”水资源消耗总量和强度双控行动实施方案》中提到“到2020年，电力、钢铁、石油化工等高耗水行业达到先进定额标准。”《海东市“十三五”水资源消耗总量和强度双控行动落实方案》中提到“到2020年，食品发酵、石油石化、钢铁、化工、纺织、电力等高耗水行业达到先进定额标准。”

综上，该项指标满足Ⅱ级要求，得3分。

（2）企业对标准的采用

调研的265家企业中知道该项标准的有259家，占比98%；掌握标准主要内容的有243家，占比92%；将该项标准纳入企业节水管理的有241家，占比91%。由此可知，企业对火力发电取水定额标准的认知、掌握以及执行情况均较好。在对火电厂的节水改造和生产运行中，以标准为指导，开展了各种节水活动，取得了很好的节水效益和经济效益。据行业统计，2017年全行业的平均单位发电量取水量为1.25m^3/（MW·h），比2012年降低了约41.9%。其中，大唐国际发电股份有限公司自标准发布实施以来，严格对标自检，对现有火电厂进行了节水技术改造，2014年公司平均单位发电量取水量维持在0.8 m^3/（MW·h），年发电量取水量较2012年下降0.1亿m^3。中国华能集团有限公司自标准发布实施以来，严格对标自检，组织实施现有火电厂节水改造，加强节水管理，取得了较好的环境、社会、经济效益。2017年，公司平均单位发电量取水量比2012年下降了约1m^3/（MW·h），达9%。

综上，该项指标满足Ⅰ级要求，得5分。

（3）第三方机构对标准的采用

DL/T 606.5—2009《火力发电厂能量平衡导则　第5部分：水平衡试验》中的7.2 a）规定“单位发电量取水量可结合GB/T 18916.1、电厂装机取水量进行综合评价。”广州市能源检测研究院对某火电厂进行水平衡测试时，根据现场观察、数据统计分析以及GB/T 18916.1—2012的相关规定，提出电厂存在的问题、节水潜力分析、节水措施及效果预计。

综上，该项指标满足Ⅱ级要求，得 3 分。

3.3.3.4.3　标准引用

《取水许可和水资源费征收管理条例》（国务院令第 460 号）第十六条规定“按照行业用水定额核定的用水量是取水量审批的主要依据。”GB/T 26925—2011《节水型企业　火力发电行业》、GB/T 27886—2011《工业企业用水管理导则》、GB/T 33231—2016《企业用水审计技术通则》、GB/T 34147—2017《项目节水评估技术导则》、GB/T 51106—2015《火力发电厂节能设计规范》等国家标准，以及 DL/T 783—2018《火力发电厂节水导则》、DL/T 606.5—2009《火力发电厂能量平衡导则　第 5 部分：水平衡试验》、DL/T 287—2012《火电企业清洁生产审核指南》、DL/T 1264—2013《火电厂环境统计指标》等行业标准均引用了 GB/T 18916.1。辽宁、河北、湖北、黑龙江、山东、浙江、安徽、广东、云南、吉林、福建、湖南、四川、陕西、甘肃和青海等 16 个省的行业用水定额地方标准也引用了 GB/T 18916.1—2012。

综上，该项指标满足Ⅰ级要求，得 5 分。

3.3.3.5　技术指标评价

3.3.3.5.1　适用性

（1）促进落后产能达标

GB/T 18916.1—2012 中的取水量定额指标见表 3-11 和表 3-12。标准制定时，定额指标确定原则是确保当时 60% 以上的机组能够达到，以当时火电机组装机容量计算，约有 3 亿 kW 装机容量的火电机组达不到定额指标要求。根据调研数据，目前 92% 的循环冷却机组、75% 的直流冷却机组以及 76% 的空气冷却机组能够达到定额指标要求，平均有 81% 的机组能够达到定额指标要求，以目前的火电机组装机容量计算，约有 1.86 亿 kW 装机容量的火电机组达不到定额指标要求。因此，标准的实施至少促进了 1.14 亿 kW 装机容量的落后产能达标，达标比例达到 15%。

表 3-11　GB/T 18916.1—2012 中的单位发电量取水量定额指标

单位：m^3/（MW·h）

机组冷却形式	单机容量＜300MW	单机容量 300MW 级	单机容量 600MW 级及以上
循环冷却	3.20	2.75	2.40
直流冷却	0.79	0.54	0.46
空气冷却	0.95	0.63	0.53

表 3-12 GB/T 18916.1—2012 中的单位装机容量取水量定额指标

单位：m³/（s·GW）

机组冷却形式	单机容量<300MW	单机容量 300MW 级	单机容量 600MW 级及以上
循环冷却	0.88	0.77	0.77
直流冷却	0.19	0.13	0.11
空气冷却	0.23	0.15	0.13

综上，该项指标满足Ⅱ级要求，得 3 分。

（2）与市场发展需求的一致程度

根据调研结果，火力发电企业单位发电量取水量平均值见表 3-13，单位装机容量取水量平均值见表 3-14。定额指标低于调研企业的平均水平，但调研企业中 8% 的循环冷却机组、25% 的直流冷却机组以及 24% 的空气冷却机组不能够达到标准中单位发电量取水量的要求。15% 的循环冷却机组、25% 的直流冷却机组以及 33% 的空气冷却机组不能够达到标准中单位装机容量取水量的要求。由此可知，定额指标与行业现有水平基本相符。

表 3-13 火力发电企业单位发电量取水量平均值

单位：m³/（MW·h）

机组冷却形式	单机容量<300MW	单机容量 300MW 级	单机容量 600MW 级及以上
循环冷却	1.76	1.79	1.97
直流冷却	—	0.50	0.41
空气冷却	0.85	0.40	0.51

表 3-14 火力发电企业单位装机容量取水量平均值

单位：m³/（s·GW）

机组冷却形式	单机容量<300MW	单机容量 300MW 级	单机容量 600MW 级及以上
循环冷却	0.74	0.65	0.65
直流冷却	—	0.10	0.09
空气冷却	0.27	0.19	0.11

综上，该项指标满足Ⅰ级要求，得 5 分。

3.3.3.5.2 先进性

目前，国外还没有针对高耗水行业制定的取用水定额标准。而以 2008 年电厂平均取水量为例，我国火电机组平均单位发电量取水量是先进国家平均值的 1.11 倍，是美国平均值的 1.57 倍，是南非平均值的 2.24 倍（见表 3-15）。随着节水技术进步和管理水平提高，我国火电机组平均单位发电量取水量降至 1.25m^3/（MW·h），比 2008 年降低了约 55%。经过调研以及咨询行业专家，GB/T 18916.1—2012 中的技术指标基本与先进国家平均水平相当。然而，标准中单位发电量取水量仍为南非的 1.35 倍，单位装机容量取水量为南非的 1.37 倍；空冷机组单位发电量取水量是南非的 3.5 倍，单位装机容量取水量是南非的 3.04 倍。因此，还具有较大的节水潜力和空间。

表 3-15　国内外电厂平均取水量比较（2008 年）

评价对象	单位发电量取水量 kg/（kW·h）	单位装机容量取水量 t/（s·GW）
中国平均值	2.80	0.58
先进国家平均值	2.52	0.700
美国平均值	1.78	0.490
南非平均值	1.25（空冷 0.2）	0.347（空冷 0.056）
德国罗伊特西部电厂（1000MW 级）	—	0.500
中国邹县电厂（1000MW 级）	—	0.694

综上，该项指标满足Ⅱ级要求，得 3 分。

3.3.3.5.3　协调性

（1）与国内相关标准文件协调一致程度

与 GB/T 18916.1—2012 相关的国家标准 GB/T 26925—2011《节水型企业　火力发电行业》中的技术指标大于单位装机容量取水量定额而小于单位发电量取水量定额。原因是 GB/T 18916.1—2012 中的单位发电量取水量是限定值，作为计划用水和取水许可核算的重要依据，原则上要淘汰现有企业 20%～30% 落后的工艺或设备；单位装机容量取水量为准入值，新建和改扩建的准入要求通常为国内先进水平，应优于现有企业平均水平。

DL/T 783—2018《火力发电厂节水导则》中规定“火力发电厂取水应满足 GB/T 18916.1 的规定。”目前，全国共有 30 个省（区、市）制定了火力发电用水定额地方标准，其中，16 项地方标准满足 GB/T 18916.1—2012 的要求，4 项地方标准定额值要求较国家标准偏松，其余 10 项地方标准由于分类尺度等不同无法与国家标准进行比较。

综上，该项指标满足Ⅱ级要求，得 3 分。

（2）与相关政策法规协调一致程度

2013 年 12 月，《水利部办公厅关于做好大型煤电基地开发规划水资源论证的意见》（办资源〔2013〕234 号）印发，规定“缺水地区应采用空冷机组和干除灰技术，设计耗水指标不得大于 0.1 立方米 /（秒·百万千瓦），百万机组年耗水总量不超过 252 万立方米”，高于 GB/T 18916.1—2012 的指标要求。2015 年 4 月，国家发展改革委、环保部、工业和信息化部联合发布《电力行业（燃煤发电企业）清洁生产评价指标体系》，技术指标分为三级，其中Ⅰ级为国际清洁生产领先水平、Ⅱ级为国内清洁生产先进水平、Ⅲ级为国内清洁生产一般水平，通过对比，其指标高于 GB/T 18916.1—2012 的指标要求。2017 年 1 月，国家发展改革委、水利部、住房城乡建设部联合印发的《节水型社会建设“十三五”规划》（发改环资〔2017〕128 号）中规定“到 2020 年，火电厂每千瓦时发电量耗水降至 1 千克左右，消耗水量（不含直流冷却水量）比 2015 年下降 8% 左右”，高于 GB/T 18916.1—2012 的指标要求。

因此，该项指标满足Ⅲ级要求，得 1 分。

3.3.3.6 评价结果

通过以上对 GB/T 18916.1—2012《取水定额　第 1 部分：火力发电》实施效果的评价，得到各指标评分（见表 3-16）。实施效益和实施情况中满足Ⅰ级要求的有 4 项，满足Ⅱ级要求的有 3 项，满足Ⅲ级要求的有 1 项；技术指标中满足Ⅰ级要求的有 1 项，满足Ⅱ级要求的有 3 项，满足Ⅲ级要求的有 1 项。因此，GB/T 18916.1—2012《取水定额　第 1 部分：火力发电》实施效果评价结果为Ⅱ级，实施效果良好。该标准的实施效果综合评分为 3.96，结合 5 分制评分标准，表示标准实施效果良好至优秀。从准则层指标评分来看，实施情况评分为 4.8，属于优秀；技术指标次之，评分为 3.84，属于良好；实施效益得分最低，评分为 3.0，基本良好。在影响实施情况的一级指标中，标准推广和标准引用的得分均为 5 分，说明标准传播及其衍生材料传播，标准被政策法规、国内外标准等引用的情况较为优秀。在影响技术指标的一级指标中，标准的适用性对其影响比重最大，得分也最高。在影响实施效益的一级指标中，标准的经济效益和生态效益得分较高，达到优秀和良好，但社会效益评级一般，导致标准的实施效益指标得分较低。通过对上述结果的分析，建议进一步加强标准与政策法规的协调性，还可以采用优惠、评奖的激励政策，进一步提高标准的社会效益，从而进一步提高标准的实施效果。

表 3-16　GB/T 18916.1—2012《取水定额　第 1 部分：火力发电》实施效果评价结果

目标层	得分	准则层指标（权重）	得分	一级指标（权重）	得分	二级指标（权重）	评级	得分
火电厂取水定额国家标准实施效果	3.96	实施效益（0.2）	3.0	经济效益（0.2）	5	节水量（1）	Ⅰ级	5
				社会效益（0.2）	1	社会责任（1）	Ⅲ级	1
				生态效益（0.6）	3	废水排放量、能源消耗量、碳排放量减少（1）	Ⅱ级	3
		实施情况（0.3）	4.8	标准推广（0.1）	5	标准传播及其衍生材料传播（1）	Ⅰ级	5
				标准执行（0.2）	4	管理部门对标准的采用（0.3）	Ⅱ级	3
						企业对标准的采用（0.5）	Ⅰ级	5
						第三方机构对标准的采用（0.2）	Ⅱ级	3
				标准引用（0.7）	5	被政策法规、国内外标准等引用（1）	Ⅰ级	5
		技术指标（0.5）	3.84	适用性（0.7）	4.4	促进落后产能达标（0.3）	Ⅱ级	3
						与市场发展需求的一致程度（0.7）	Ⅰ级	5
				先进性（0.2）	3	与国际（国外）标准、国外行业水平相比的先进程度（1）	Ⅱ级	3
				协调性（0.1）	1.6	与国内相关标准文件协调一致程度（0.7）	Ⅱ级	3
						与相关政策法规协调一致程度（0.7）	Ⅲ级	1

3.4　取水定额标准节水潜力分析

节水潜力指在一定的经济社会和技术条件下，可以节约的最大用水量。对节水潜力的分析是开展节约用水工作的重要依据和主要内容。分析取水定额标准在相应行业的节水潜力，根据水资源状况和政策需求，适时、适当地调整取水定额标准和相关政策的实施，对于指导行业和区域用水管理和决策的制定具有重要意义。

3.4.1 研究现状

在资源能源节约领域，国内对节能减排潜力的研究较丰富。节能减排潜力的研究对象广泛，大到国家、区域、省市，中到各工业行业、公共建筑、生产企业，小到供热或照明等用能系统、某一项生产工艺、管网、用能设备等。节能减排潜力研究涉及的方法和模型工具也是多种多样，具有代表性的有能源供应优化模型（MARKAL 模型）、亚太地区气候变暖对策评价模型（AIM 模型）、长期能源可替代规划系统（LEAP 模型）、可计算一般均衡模型（CGE 模型）、能源—经济—环境模型（3Es-Model 模型）、能源供应战略方案及其环境综合影响模型（MESSAGE 模型）、美国国家能源建模系统（NEMS 模型）、能源—经济—环境决策支持模型（IIASA-WECE3 模型）、数据包络分析（DEA 方法）、灰色系统理论模型（GM 模型）等。

从已有的研究成果来看，计算节水潜力的方法主要有通过与国外用水效率高的国家和地区进行比较、与国内用水效率高的省份及地区进行比较和与用水定额进行比较等。与国外用水效率高的国家和地区进行比较的研究主要集中于对发达国家经验的借鉴，如贾金生等比较了我国和美国、日本、英国等的用水总量和用水效率，认为我国应该调整用水结构和加强水资源管理，从而提高用水效率；冯杰比较分析了我国和美国的用水总量和用水效益，认为用水总量取决于经济规模和用水效益，而不是人口规模；马静等将我国水资源利用效率与美国、日本等进行了比较，认为我国水资源利用效率与发达国家相比差距明显，节水潜力巨大；秦福兴等分析了南水北调中线和东线受水区的城镇生活用水节水现状与世界先进节水水平的差距和节水潜力。与国内用水效率高的省份及地区进行比较的研究主要基于如下假设：国内各省份及地区在相似的国家宏观管理体制下，经济、社会、人口等多个方面存在较高的相似性，参照省份及地区的用水效率是研究对象可能达到的目标，如王铮等对中国未来发展中的水资源问题进行了分析，认为如果我国产业结构没有明显进步，Brown 等对中国会因缺水影响经济发展的预言将成为现实，但如果调整产业结构到北京的产业结构水平，我国的可持续发展是可能的，并测算了在此情景下我国 2010 年和 2030 年的节水潜力；朱启荣对我国各地区的工业用水效率和节水潜力进行了实证研究，认为我国工业用水资源配置偏离了效率原则，各地区工业用水效率存在较大差异，并以山东省的用水效率为参照，测算了其他省份和地区相对于山东省的节水潜力。用水定额法通过比较实际用水与用水定额的差额计算节水潜力，如郑在洲等运用定额需求计算法和给水、用水、排水分别计算法计算了黄淮海流域

2010 年的工业节水潜力，认为未来节水指标的变动主要由工业结构调整和新发展工业用水量决定；张国辉等运用用水定额法，结合用水规划分别计算了滦河流域 2015 年和 2030 年的城镇生活用水、工业用水、农业用水和第三产业的节水潜力。除此之外，刘建刚等采用水资源合理配置模型（WACM）计算分析了徒骇河、马颊河流域不同尺度的农业节水潜力。从研究对象来看，已有的节水潜力的研究主要集中在宏观层面，从定额角度分析节水潜力的研究较少，导致对相关标准和政策目标设定的决策支持力度不足。

3.4.2　典型行业节水量预测（以酵母行业为例）

通过采用回归分析和情景分析相结合的方法，下面以 GB/T 18916.41—2019《取水定额　第 41 部分：酵母制造》为例，研究取水定额标准实施后的酵母行业规模和用水量变化情况，建立节水量预测模型，探讨不同情景下取水定额标准对行业的节水潜力贡献。

3.4.2.1　行业概况

酵母制造主要产品包括酵母制品和酵母衍生制品等。酵母制品是指微生物酵母菌种在以碳源（糖蜜、淀粉水解糖等）、氮源（液氮、氨水、硫酸铵等）、磷源（磷酸氢氨）等为主要原料的培养基中，经过通风发酵培养，获取酵母细胞制品，如高活性干酵母、高活性鲜酵母、富营养素酵母、非活性酵母等。产品主要特征是具有完整的酵母细胞体。酵母制品占总酵母制造产能的 70% 以上。酵母衍生制品是指将酵母细胞通过酶解、自溶、分离、浓缩、干燥等工序，获得酵母制品衍生产品，包括酵母抽提物、酵母提取物、酵母自溶粉、酵母蛋白、酵母多肽、酵母细胞壁、酵母聚糖等。酵母衍生制品约占酵母制造产能的 30%。

酵母制造单位产品取水量较大，节水技术水平差异大，有较大节水空间。工艺先进的酵母制品制造工厂单位取水量小于 $70m^3/t$，部分工艺落后的工厂超过 $100m^3/t$。酵母衍生制品因工艺比酵母制品复杂，取水量比酵母制品要增加 $30m^3/t$。工艺先进的酵母衍生制品制造工厂取水量小于 $95m^3/t$，部分工艺落后的工厂超过 $120m^3/t$，差异较大。

智研咨询发布的《2020—2026 年中国酵母行业发展模式分析发展规划分析报告》显示，2012—2019 年我国酵母产量分别为 28.0 万 t、29.4 万 t、30.8 万 t、31.8 万 t、33.0 万 t、35.0 万 t、37.3 万 t 和 39.4 万 t，呈逐年上升趋势（见图 3-6）。

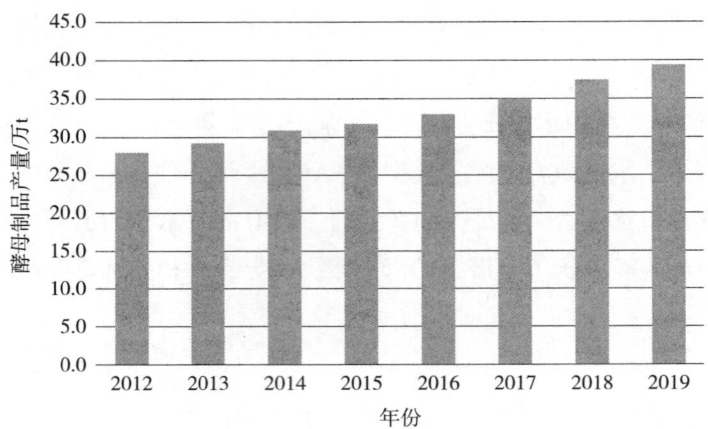

图 3-6　2012—2019 年酵母制品产量情况

3.4.2.2　产量预测

结合酵母制品产量的历年数据，通过对 2012 年以来的酵母制品产量数据进行回归分析（见图 3-7），拟合酵母制品产量随年份变化的线性回归方程，见式（3-3）：

$$y = 1.5845x + 25.957 \quad (3\text{-}3)$$

其相关系数 $r = 0.9798$，表明酵母制品产量与年份呈正相关性，随年份递增而递增，二者相关性强。

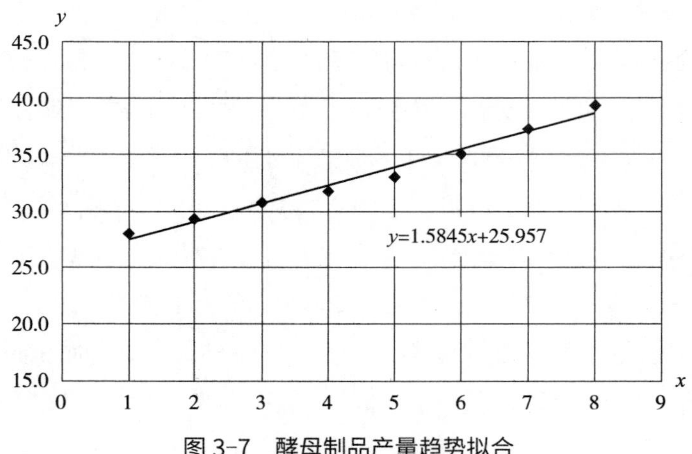

图 3-7　酵母制品产量趋势拟合

根据该线性方程，推断 GB/T 18916.41—2019 实施后的 5 年（即 2020—2024 年）酵母制品产量分别为 40.2 万 t、42.0 万 t、43.8 万 t、45.7 万 t 和 47.4 万 t。根据行业

调研，推测 2020—2024 年酵母衍生制品的产量分别为 17.2 万 t、18.0 万 t、18.8 万 t、19.6 万 t 和 20.3 万 t。

3.4.2.3 用水水平情景分析

根据 GB/T 18916.41—2019 中规定的取水定额指标（见表 3-17），研究设定了标准实施后的三类用水水平，分别为情景一、情景二和情景三，即底线情景、理想情景和预期情景，代表不同的节水管理水平和政策力度，具体情景设定方式和政策含义见表 3-18。计算过程中，以不实施标准的假设情况（情景〇）为基准，以此估算情景一、情景二和情景三的用水水平下，酵母制品和酵母衍生制品行业的节水量。

表 3-17 GB/T 18916.41—2019 规定的取水定额指标

定额指标	酵母制品	酵母衍生制品
现有企业（限定值）/（m^3/t）	85	115
新建和改扩建企业 /（m^3/t）	70	100
先进企业（先进值）/（m^3/t）	65	90

表 3-18 节水潜力计算情景设计

情景序号	参数设定方式	政策含义
情景〇：基准情景	行业用水水平缓慢提高，包括不满足标准限定值的落后产能	未实施取水定额标准的情况，是其他情景对比的基准
情景一：底线情景	落后产能达标，标准实施 5 年后，主要产能（60%）的用水水平达到新建和改扩建指标，仅通过限定值和达到先进值用水水平的产能分别占比 20% 和 20%	政策推行力度较弱，仅满足最低要求，代表取水定额标准执行后节水量的底线值
情景二：理想情景	落后产能达标，标准实施 5 年后，所有产能的用水水平达到先进值	取水定额标准发挥显著作用，大幅提升酵母行业用水效率，估算结果代表节水量的理想值
情景三：预期情景	落后产能达标，标准实施 5 年后，随着新旧产能更替，行业内 70% 产能的用水水平达到新建和改扩建指标，30% 达到先进值	取水定额标准发挥作用，较大程度提升酵母行业用水效率，估算结果代表符合较好预期的节水量

调研的酵母工厂中，酵母制品总产量约 20.2 万 t，2016 年取水量超过 $85m^3/t$ 的总产能约 3.2 万 t，占调研企业总产能的 16%，达到新建和改扩建企业取水量定

额（70m^3/t）的企业占调研企业总产能的60%，达到先进酵母制品企业取水量定额（65m^3/t）的企业占调研企业总产能的24%。

因本次调研企业均是国内规模较大和技术水平较高的企业，考虑到国内未在调研范围内的酵母生产企业，单个工厂规模小，工艺技术装备水平可能相对落后，推进清洁生产和先进节水工艺水平能力相对较弱，其酵母取水量超过85m^3/t的可能性较大。因此，考虑到未调研企业的取水定额数据和产能数据，国内酵母生产企业总的取水量＞85m^3/t的产能比例将超过30%；达到限定值、未达到新建和改扩建定额值（＞70～85m^3/t）的产能约占55%；达到新建和改扩建定额值、未达到先进值（＞65～70m^3/t）的产能约占10%；达到先进取水定额（≤65m^3/t）的产能约占5%。

3.4.2.4 不同情景的取水量测算

3.4.2.4.1 基准情景

基准情景（情景〇）是假设没有实施取水定额标准的情况。基准情景是其他情景下取水定额标准对行业节水量影响的计算基准，表示为2019年酵母行业的用水水平与2018年的情况基本一致，即单位产品取水量＞85m^3/t、＞70～85m^3/t、＞65～70m^3/t和≤65m^3/t的产能分别占比30%、55%、10%和5%。随着技术进步，行业用水效率缓慢提高，到2024年，单位产品取水量＞85m^3/t、＞70～85m^3/t、＞65～70m^3/t和≤65m^3/t的产能分别占比10%、60%、20%和10%。测算在该情景下2019—2024年酵母制品和酵母衍生制品的取水量，得到酵母行业的总取水量。基准情景下2019—2024年内不同产品的产量、取水量和取水总量见表3-19。

3.4.2.4.2 底线情景

底线情景（情景一）假设标准实施后落后产能全部达标。标准实施5年后（2024年），主要产能（60%）达到新建和改扩建指标，仅通过限定值和达到先进值用水水平的产能分别占比20%和20%，即单位产品取水量＞70～85m^3/t、＞65～70m^3/t和≤65m^3/t的产能分别由占比70%、20%和10%缓慢转变为20%、60%和20%。测算在该情景下2019—2024年酵母制品和酵母衍生制品的取水量，得到酵母行业的总取水量。与基准情景下历年取水量相比，底线情景下预计每年将节水300万～500万m^3，至2024年累计节水超过2400万m^3，用水效率提升约8.9%。底线情景下2019—2024年不同产品的产量、取水量、取水总量，以及与基准情景相比的节水情况见表3-20。

表 3-19　基准情景下 2019—2024 年酵母行业的取水量测算

年份			2019	2020	2021	2022	2023	2024
酵母制品	产量 / 万 t		39.4	40.2	42.0	43.8	45.7	47.4
	用水水平占比 /%	＞85m³/t	30	26	22	18	14	10
		＞70～85m³/t	55	56	57	58	59	60
		＞65～70m³/t	10	12	14	16	18	20
		≤65m³/t	5	6	7	8	9	10
	取水量 / 万 m³		3127.4	3155.7	3260.3	3361.7	3467.5	3555.0
酵母衍生制品	产量 / 万 t		16.9	17.2	18.0	18.8	19.6	20.3
	用水水平占比 /%	＞115m³/t	30	26	22	18	14	10
		＞100～115m³/t	55	56	57	58	59	60
		＞90～100m³/t	10	12	14	16	18	20
		≤90m³/t	5	6	7	8	9	10
	取水量 / 万 m³		1840.0	1855.9	1924.7	1991.9	2057.5	2111.2
取水总量 / 万 m³			4967.4	5011.6	5185.0	5353.6	5525.0	5666.2

表 3-20　底线情景下 2019—2024 年酵母行业的取水量测算

年份			2019	2020	2021	2022	2023	2024
酵母制品	产量 / 万 t		39.4	40.2	42.0	43.8	45.7	47.4
	用水水平占比 /%	＞70～85m³/t	70	60	50	40	30	20
		＞65～70m³/t	20	28	36	44	52	60
		≤65m³/t	10	12	14	16	18	20
	取水量 / 万 m³		2905.8	2918.5	3000.9	3079.1	3160.2	3223.2
酵母衍生制品	产量 / 万 t		16.9	17.2	18.0	18.8	19.6	20.3
	用水水平占比 /%	＞100～115m³/t	70	60	50	40	30	20
		＞90～100m³/t	20	28	36	44	52	60
		≤90m³/t	10	12	14	16	18	20
	取水量 / 万 m³		1736.5	1742.4	1797.3	1849.9	1900.2	1938.7
取水总量 / 万 m³			4642.3	4660.9	4798.2	4929.0	5060.4	5161.9
节水量 / 万 m³			325.1	350.7	386.8	424.6	464.6	504.3
累计节水量 / 万 m³			325.1	675.8	1062.6	1487.2	1951.8	2456.1
用水效率提升 /%			6.5	7.0	7.5	7.9	8.4	8.9

3.4.2.4.3 理想情景

理想情景（情景二）假设标准实施后落后产能全部达标。标准实施5年后（2024年），全部达到先进值，即2024年的酵母制品和酵母衍生制品的单位产品取水量>70～85m³/t、>65～70m³/t和≤65m³/t的产能分别占比0、0和100%。在标准实施初期，大量低用水效率产能提效，行业用水量逐渐降低，之后由于产量增加趋势更加显著，行业用水量呈逐渐升高态势。测算在该情境下2019—2024年酵母制品和酵母衍生制品的取水量，得到酵母行业的总取水量。与基准情景下历年用水量相比，理想情景下预计每年将节水300万～1100万m³，至2024年累计节水超过4600万m³，用水效率提升约19.4%。理想情景下2019—2024年不同产品的产量、取水量、取水总量，以及与基准情景相比的节水情况见表3-21。

表3-21 理想情景下2019—2024年酵母行业的取水量测算

年份			2019	2020	2021	2022	2023	2024
酵母制品	产量/万t		39.4	40.2	42.0	43.8	45.7	47.4
	用水水平占比/%	>70～85m³/t	70	47	24	0	0	0
		>65～70m³/t	20	25	28	36	18	0
		≤65m³/t	10	28	48	64	82	100
	取水量/万m³		2905.8	2818.0	2784.6	2746.3	2803.7	2844.0
酵母衍生制品	产量/万t		16.9	17.2	18.0	18.8	19.6	20.3
	用水水平占比/%	>100～115m³/t	70	47	24	0	0	0
		>90～100m³/t	20	25	28	36	18	0
		≤90m³/t	10	28	48	64	82	100
	取水量/万m³		1736.5	1686.9	1677.6	1665.7	1701.3	1725.5
取水总量/万m³			4642.3	4504.9	4462.2	4412.0	4505.0	4569.5
节水量/万m³			325.1	506.7	722.8	941.6	1020.0	1096.7
累计节水量/万m³			325.1	831.8	1554.6	2496.2	3516.2	4612.9
用水效率提升/%			6.5	10.1	13.9	17.6	18.5	19.4

3.4.2.4.4 预期情景

预期情景（情景三）假设标准实施后落后产能全部达标。标准实施5年后（2024年），70%的产能逐步达到新建和改扩建取水定额指标，30%的产能逐步达到先进值水平，即2024年的酵母制品和酵母衍生制品的单位产品取水量>70～85m³/t、>65～70m³/t和≤65m³/t的产能分别占比0、70%和30%。在标准实施初期，大量低用水效率产能提效，行业用水量逐渐降低，之后由于产量增加趋势更加显著，行业取水量呈逐渐升高态势，并趋于稳定。测算在该情景下 2019—2024 年酵母制品和酵母衍生制品的取水量，得到酵母行业的总取水量。与基准情景下历年用水量相比，预期情景下预计每年将节水 300 万～700 万 m^3，至 2024 年累计节水超过 3000 万 m^3，用水效率提升约 12.5%，节水量处于底线情景和理想情景之间。预期情景下 2019—2024 年不同产品的产量、取水量、取水总量，以及与基准情景相比的节水情况见表 3-22。

表 3-22　预期情景下 2019—2024 年酵母行业的取水量测算

<table>
<tr><th colspan="3">年份</th><th>2019</th><th>2020</th><th>2021</th><th>2022</th><th>2023</th><th>2024</th></tr>
<tr><td rowspan="5">酵母制品</td><td colspan="2">产量 / 万 t</td><td>39.4</td><td>40.2</td><td>42.0</td><td>43.8</td><td>45.7</td><td>47.4</td></tr>
<tr><td rowspan="3">用水水平占比 /%</td><td>＞70～85m³/t</td><td>70</td><td>56</td><td>42</td><td>28</td><td>14</td><td>0</td></tr>
<tr><td>＞65～70m³/t</td><td>20</td><td>30</td><td>40</td><td>50</td><td>60</td><td>70</td></tr>
<tr><td>≤65m³/t</td><td>10</td><td>14</td><td>18</td><td>22</td><td>26</td><td>30</td></tr>
<tr><td colspan="2">取水量 / 万 m³</td><td>2905.8</td><td>2896.4</td><td>2954.7</td><td>3006.9</td><td>3059.6</td><td>3092.9</td></tr>
<tr><td rowspan="5">酵母衍生制品</td><td colspan="2">产量 / 万 t</td><td>16.9</td><td>17.2</td><td>18.0</td><td>18.8</td><td>19.6</td><td>20.3</td></tr>
<tr><td rowspan="3">用水水平占比 /%</td><td>＞100～115m³/t</td><td>70</td><td>56</td><td>42</td><td>28</td><td>14</td><td>0</td></tr>
<tr><td>＞90～100m³/t</td><td>20</td><td>30</td><td>40</td><td>50</td><td>60</td><td>70</td></tr>
<tr><td>≤90m³/t</td><td>10</td><td>14</td><td>18</td><td>22</td><td>26</td><td>30</td></tr>
<tr><td colspan="2">取水量 / 万 m³</td><td>1736.5</td><td>1730.3</td><td>1772.1</td><td>1810.4</td><td>1845.3</td><td>1867.6</td></tr>
<tr><td colspan="3">取水总量 / 万 m³</td><td>4642.3</td><td>4626.7</td><td>4726.8</td><td>4817.3</td><td>4904.9</td><td>4960.5</td></tr>
<tr><td colspan="3">节水量 / 万 m³</td><td>325.1</td><td>384.9</td><td>458.2</td><td>536.3</td><td>620.1</td><td>705.7</td></tr>
<tr><td colspan="3">累计节水量 / 万 m³</td><td>325.1</td><td>710.0</td><td>1168.2</td><td>1704.5</td><td>2324.6</td><td>3030.3</td></tr>
<tr><td colspan="3">用水效率提升 /%</td><td>6.5</td><td>7.7</td><td>8.8</td><td>10.0</td><td>11.2</td><td>12.5</td></tr>
</table>

综上所述，在不同的实施力度和政策引导下，GB/T 18916.41—2019 实施 5 年后的预测年均节水量为 500 万～1100 万 m^3，累计节水量为 2400 万～4600 万 m^3，用水效率将提升 8.9%～19.4%。由于酵母行业集中度较高，较可能实现的预期情景是 5 年后全部产能达到取水定额标准规定的新建和改扩建指标要求，其中 30% 达到先进值。在这种情况下，与不实施标准的情况相比，取水定额实施 5 年后的单年节水量将达到 700 万 m^3 以上，预计累计节水超过 3000 万 m^3，用水效率提升 12.5% 左右。

第4章 典型行业水系统集成技术及标准研究

水系统集成优化是将工业企业现行用水网络中排放的废水，通过直接回用、再生回用、再生循环等途径进行合理配置，实现分质用水，一水多用。在减少新鲜水消耗的同时，减少废水的排放量；在达到节水目的的同时，减轻由废水排放造成的环境污染。本章基于系统工程学、运筹学等理论，在深入、全面地进行水系统调查和测试的基础上，根据生产工艺特点，结合水网络图，采用数学规划法、水夹点技术等方法识别和确定优化对象、约束条件和极限数据，并从单一工序、子系统、系统和全厂等不同层面进行水网络结构的设计、优化以及效果评估，指导最佳效率的实践，并选取具有代表性的企业进行深入全面的测试分析，确定各用水单元对所供水水质和水量的最低要求、各用水单元的排水水质和水量等关键用水参数，考虑不同单元对用水水质的要求，采用串级使用等方式优化水资源的配置，进而确定系统的优化方案，形成指导工程实践的工业企业水系统集成优化技术指南国家标准。

4.1 水系统集成技术现状

自20世纪90年代起，水系统集成技术的研究与应用逐渐成为人们关注的热点。当前较为成熟的水集成技术是水夹点技术，在单杂质的用水网络设计中得到广泛应用。一些国家利用集成优化、循环经济和生命周期评价（LCA）的基本理念，实现了造纸行业白水100%回用的全封闭循环，部分企业已实现造纸废水零排放。国内在工业生产过程中的节水措施、冷却水循环、糟液循环利用方面的讨论较多，一些学者研究了用水网络的优化方法，其中可处理复杂的多杂质用水系统的数学优化算法、水足迹评价技术、中间水道法也得到了一定程度的发展。

4.1.1　水足迹评价技术

水足迹是一种衡量人类活动对水环境影响的指标，包括生产过程中的直接用水和间接用水。有别于传统的取水指标，水足迹是体现水消耗、水源类型以及污染量和污染类型的综合评价指标，能科学有效地考察水资源占用。水足迹包括蓝水足迹、绿水足迹与灰水足迹。蓝水足迹是指对蓝水（地表水和地下水）资源的消耗，绿水足迹是指对不会形成径流的雨水的消耗，灰水足迹是指有关污染的指标。通过水足迹可以对各典型行业水资源短缺和污染造成的影响进行有效评价，以确保对淡水资源的可持续利用。有利于识别导致水消耗和水污染的关键节点，确定重点优化因素，为进一步的水系统集成与优化提供科学依据和数据支撑。

下面依据 GB/T 33859—2017《环境管理　水足迹　原则、要求与指南》，采用生命周期评价的理念和方法，构建一个通用且适用于我国现阶段发展情况的本土化全过程水足迹影响量化模型，可以实现量化我国人类活动所导致的水资源消耗和水环境污染的风险，并有效描绘我国人类产业活动和自然生态系统各要素之间的相互关系，从而锁定关键污染节点。

根据 GB/T 33859—2017 的具体要求，基于生命周期评价的水足迹评价技术的基本框架包括四个基本流程，即定义目标与范围、水足迹清单分析、水足迹影响评价和结果阐释，如图 4-1 所示。

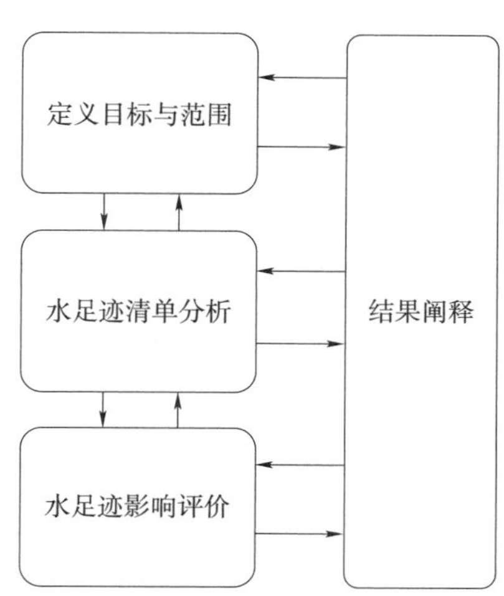

图 4-1　水足迹评价技术框架

依据各行业水足迹评价系统边界，这里只考虑灰水足迹和蓝水足迹。分析模型包含了5个中间点类别，分别是致癌性影响足迹、非致癌性影响足迹、淡水生态毒性足迹、水体富营养化足迹和水稀缺足迹。各类别具体计算方法如下：

（1）毒性足迹

毒性影响包括水体中的污染物对人体（致癌性和非致癌性疾病影响）和淡水生态系统的影响。下面通过多介质（如家庭空气、工业空气、城市空气、农村空气、淡水、海洋、农业土壤和天然土壤等）宿命解析和多种暴露途径（如空气、饮用水、叶部和块根作物、肉类、乳制品和鱼类等）来评估污染物的环境暴露和毒性影响（见图4-2），并依据我国的背景数据对评价模型中相应中间点影响类型的特征化参数进行了更新。在此基础上仅考虑了与水环境有关的影响并计算了水足迹毒性类别的特征化参数 cf_{tox}：

$$cf_{\text{tox},i}=\sum_{i=1}^{n}\text{FF}_{\text{water},i}\times\text{XF}_{\text{water},i}\times\text{EF}_i \tag{4-1}$$

式中，$\text{FF}_{\text{water},i}$ 为污染物 i 在水足迹影响评价中的归宿因子，通过Mackay三级逸度模型进行环境宿命解析获得，且这里仅考虑了达到稳态时水体中污染物 i 的影响。$\text{XF}_{\text{water},i}$ 为污染物 i 的暴露因子。EF_i 为污染物 i 的效应因子。其中，人体健康毒性影响的暴露因子和效应因子通过式（4-2）～式（4-4）获得：

$$\text{XF}_{\text{H},i}=\sum_{i=1}^{n}\frac{\text{BAF}_i\times\text{PROD}_i\times\text{POP}}{\text{MASS}} \tag{4-2}$$

$$\text{PROD}_i=\frac{c_i\times exf_i\times ed_i\times\text{IR}_i}{\text{BW}\times\text{LT}_\text{h}} \tag{4-3}$$

$$\text{EF}_{\text{H},i}=\sum_{i=1}^{n}\text{UR}_i\times\frac{0.5}{\text{ED}_{50,i}\times\text{BW}\times\text{LT}_\text{h}\times N_{365}} \tag{4-4}$$

式中，$\text{XF}_{\text{H},i}$ 为水足迹影响评价中污染物 i 的人体毒性类型中致癌性影响足迹和非致癌性影响足迹的暴露因子，其暴露途径仅涉及与水环境有关的经口摄入，皮肤暴露等并不包含在内。BAF_i、PROD_i、POP、MASS分别为污染物 i 的生物蓄积系数、单位时间内污染物 i 的摄入量、暴露区域的人口总体体重和暴露区域内食品的总质量。c_i、exf_i、ed_i、IR_i 分别为污染物 i 在水介质或食品中的浓度及其暴露频率、暴露持续时间和摄入率。BW、LT_h 为人体平均体重和终身暴露时间（70年）。$\text{EF}_{\text{H},i}$ 为污染物 i 的人体健康影响类型C和NC的效应因子，即吸收1kg污染物 i 导致的发生致癌和非致癌性疾病的风险。式（4-4）所需的相关数据通过动物实验获取。为了解决人体和动物间的差异，通过流行病学研究中确定的污染物 i 的单位风险（UR_i）来进行水足迹影响评价中相关特征化参数的计算。此外，$ED_{50,i}$ 为导致 50% 人类发生致癌性或非致癌性疾病的污染物 i 基准剂量，N_{365} 为每年天数。

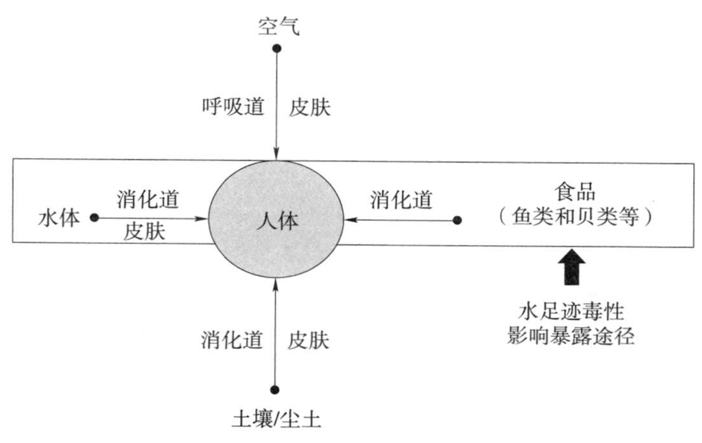

图 4-2　水足迹毒性影响暴露分析

淡水生态毒性的暴露因子通过物种吸收分值获得，其效应因子（$EF_{FE,i}$）可通过式（4-5）计算：

$$EF_{FE,i} = \frac{0.5}{HC_{50,i}} \tag{4-5}$$

式中，$HC_{50,i}$ 为污染物 i 的危险浓度，即当物种暴露在高于该浓度的水环境中时，有 50% 的种群表现出影响。

式（4-1）～式（4-5）计算时所采用的背景数据如用于计算归宿因子的平均气温、风速等以及食品摄入、人口数量和体重等均采用中国的区域化背景数据进行本土化计算，以使模型更符合我国的国情。

（2）水体富营养化足迹

水体富营养化是由于营养物质排放到土壤或淡水水体中导致的氮、磷等物质含量的上升，进而增加了自养生物（例如蓝细菌和藻类）以及异养物种（例如鱼类和无脊椎动物）对养分的吸收导致其大量繁殖，最终破坏物种多样性，从而引起物种的相对损失。这里考虑的污染物对水体富营养化的影响包含了直接进入到水环境中的磷及从土壤转移到淡水水体中的磷，二者的增加均会影响淡水生态系统。污染物 i 的水体富营养化足迹的特征化参数 $cf_{AE,i}$ 按式（4-6）计算：

$$cf_{\mathrm{AE},i} = \mathrm{FF}_{\mathrm{water},i} \times \frac{\frac{V_i}{M_i}}{\frac{V_{\mathrm{ref}}}{M_{\mathrm{ref}}}} \tag{4-6}$$

式中，$\mathrm{FF}_{\mathrm{water},\ i}$ 为归宿因子；V_i、V_{ref} 分别为 1mol 污染物 i 和 PO_4^{3-} 对水体富营养化影响的潜在贡献值，这里以污染物的生物降解需氧量衡量；M_i、M_{ref} 分别为污染物 i 和 PO_4^{3-} 的摩尔质量。

（3）水稀缺足迹

水稀缺特征化参数（cf_{WS}）取自 WAVE+ 模型（增强型水资源核算与脆弱性评价模型）中的中国地区的因子，WAVE+ 模型可同时提供“耗水”数据计算方法与不同时间和空间分辨率下评价区域性水消耗潜在环境影响（水稀缺）的参数。通过该模型计算的水稀缺足迹可用来评估水消耗所导致的淡水资源枯竭的风险，是通过将超过 11000 个流域的年耗水量与可利用量联系起来确定的。该模型提供的水稀缺参数综合考虑了流域内相对缺水和绝对缺水所导致的淡水资源匮乏的环境影响。同时，WAVE+ 模型将通过降水返回到初始流域的蒸散发量（BIER）和评价水资源消耗对当地潜在影响指数（WDI）结合到一个集成的参数内，提高了模型的适用性。WAVE+ 模型中共包含 21 个地区和 234 个国家的农业、非农业和未指定用途的逐月水稀缺参数、BIER 值和 WDI。值得注意的是，通过 WAVE+ 模型提供的水稀缺参数计算水稀缺足迹时，所需的水资源消耗清单应包含淡水取水量、废水排放量、蒸散发循环量和化学反应中合成的蒸汽量，如图 4-3 所示。

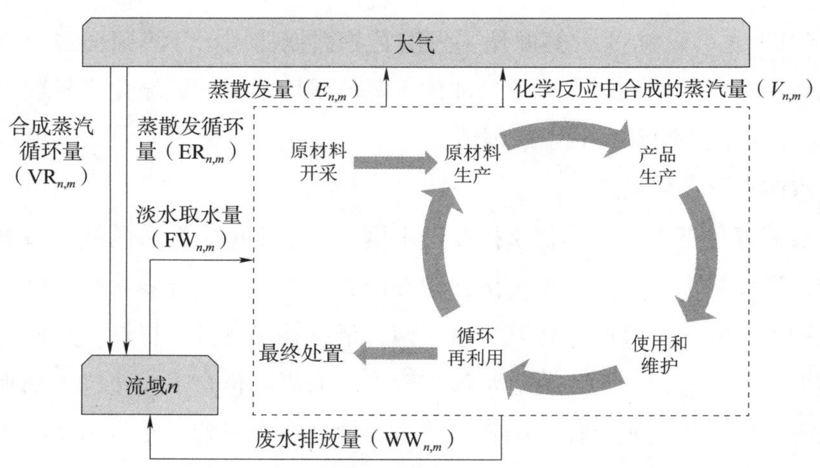

图 4-3　产品全生命周期水稀缺足迹评估范围

在此基础上，水稀缺足迹可通过式（4-7）～式（4-9）计算：

$$\mathrm{WF_{WS}} = \sum_n \sum_m cf_{\mathrm{WS}_{n,m}} \times \left(\mathrm{FW}_{n,m} - \mathrm{WW}_{n,m} - \mathrm{ER}_{n,m} - \mathrm{VR}_{n,m}\right) \tag{4-7}$$

$$\mathrm{ER}_{n,m} = E_{n,m} \times \mathrm{BIER}_{n,m} \times \frac{R_{n,m}}{P_{n,m}} \tag{4-8}$$

$$\mathrm{VR}_{n,m} = V_{n,m} \times \mathrm{BIER}_{n,m} \times \frac{R_{n,m}}{P_{n,m}} \tag{4-9}$$

式中，$\mathrm{WF_{WS}}$ 为水稀缺足迹，n、m 分别为流域和月份。FW、WW、ER、VR、E、V、R、P 分别为淡水取水量、废水排放量、蒸散发循环量、合成蒸汽循环量、蒸散发量，以及化学反应中合成的蒸汽量、径流深度和降水深度。

（4）灰水足迹、蓝水足迹

上述 5 个中间点类别可归入灰水足迹和蓝水足迹两个影响类别。其中灰水足迹包含了致癌性影响、非致癌性影响、淡水生态毒性和水体富营养化 4 个中间点，蓝水足迹包括水稀缺影响。研究依据我国人均水资源量和 GB 3838—2002《地表水环境质量标准》，对中间点影响类别进行了标准化处理。具体计算公式如下：

$$\mathrm{WF_T} = \mathrm{WF_{grey,T}} + \mathrm{WF_{blue}} \tag{4-10}$$

$$\mathrm{WF_{grey,T}} = \sum_{c=1}^{4} \mathrm{WF}_{\mathrm{grey},c} \tag{4-11}$$

$$\mathrm{WF}_{\mathrm{grey},c} = \sum_{i=1}^{n} \frac{\mathrm{WFIA}_{i,c,R}}{G_{c,R}} \tag{4-12}$$

$$G_{c,R} = \sum_{i=1}^{n} G_{i,c,R} = \sum_{i=1}^{n} \left(S_{i,R} \times cf_{i,c,R}\right) \tag{4-13}$$

式中，$\mathrm{WF_T}$、$\mathrm{WF_{grey,\,T}}$ 和 $\mathrm{WF_{blue}}$ 分别为水足迹总和、灰水足迹总和以及蓝水足迹；$\mathrm{WF_{grey}}$ 为灰水足迹；WFIA 为水足迹影响评价结果；cf、S 和 G 分别代表水足迹评价特征化参数、基于水质标准的浓度参数和转换因子；下角 i、c 和 R 分别代表特定污染物质、特定灰水足迹影响类别和特定流域。

4.1.2　水夹点技术

水夹点技术是一种有效地对全局用水网络进行优化分配的水系统集成优化方法，在减少水资源消耗以及减低废水排放等方面有良好的环境收益。水夹点技术将用水过程简化为一个富含杂质的过程流股到水流股之间的质量传递。针对造纸废水中总的悬浮物（SS）、化学需氧量（COD）及其他关键因子，对水资源回用过程的集成建立一个“负荷－浓度”曲线以确定一个夹点，称之为水夹点。

在水夹点的上方，系统的用水单元的极限进口浓度高于夹点浓度，各用水操作不应使用新鲜水；在水夹点下方，用水单元的极限出口浓度低于夹点浓度，各用水单元不应排放废水，最小供水线斜率的倒数就是系统的最小新鲜水用量。因此，在构造水系统网络优化的过程中，应依据“夹点之上不使用新鲜水，夹点之下不排放废水”的原则，使用水夹点技术构造新型的用水网络，对造纸企业进行梯级用水改造，有效地降低新鲜水用量，以达到造纸行业的用水总量要求。此外，在水夹点分析过程中，需要在用水操作中判别一个预先的新鲜水消耗和废水产生的最小值，再通过水回用、再循环技术，设计一个用水网络来实现新鲜水消耗和废水产生量的目标值，最终通过有效的工艺改变，改造现有的用水网络，实现水回用最大化和废水产生最小化。

极限负荷曲线法是确定水夹点位置的常用方法，可以在图上直观地反映出夹点的具体位置并精确地确定水夹点位置。极限负荷曲线构造复合曲线的方法如下：将每个浓度区间的杂质进行加和得到该浓度区间的复合曲线，最小供水线斜率的倒数就是系统的最小新鲜水用量，具体计算过程见式（4-14）：

$$F_v = \frac{\sum_{j=1}^{p} M_{j,s}^{v}}{c_{j,s}^{\mathrm{out},v} - c_{j,s}^{\mathrm{in},v}} \quad (j = 1, 2, \cdots, p; v = 1, 2, \cdots, \mu) \tag{4-14}$$

式中，F_v为第 v 个浓度区间中的水流量（t/h），$M_{j,s}^{v}$为第 v 个浓度区间中单元 j 中杂质 s 的负荷（kg/h），$c_{j,s}^{\mathrm{out},v}$为第 v 个浓度区间中单元 j 中杂质 s 的出口浓度（mg/L），$c_{j,s}^{\mathrm{in},v}$为第 v 个浓度区间中单元 j 中杂质 s 的入口浓度（mg/L），p 为各用水单元，μ 为各浓度区间。

在确定最小新鲜水消耗量、再生水流量和再生水浓度时，可采用问题表法。表中所有浓度在第一列中按升序排列，包括新鲜水浓度，所有工艺流程均由垂直箭头表示，从入口浓度处开始，在出口浓度处结束。经过计算得到每个浓度区间的质量负荷，并且在表中列出每个浓度区间的累积质量负荷。对于废水直接回用方案，通过式（4-15）计算得到新鲜水流量，最大值就是目标新鲜水流量，同时该点的浓度就是夹点浓度。

$$F_{\min}^{v} = M_{\mathrm{cum}}^{v} / \left(c_v - c_{\mathrm{f}}\right) \tag{4-15}$$

式中，$F_{\min}^{v}$为第 v 个浓度区间所需的最小新鲜水流量，M_{cum}^{v}为前 v 个浓度区间的累积质量负荷，c_v为第 v 个浓度区间的上限浓度，c_{f} 为新鲜水浓度。

对于废水再生回用方案，需要设置再生水的再生后浓度$c_{\text{out}}^{\text{R}}$，在该浓度以下的$F_{\min}^{v}$的最大值即为最小新鲜水流量$F_{\min}^{\text{w}}$。随后，通过式（4-16）和式（4-17）计算可得再生水流量和再生水浓度，其最大值就是目标再生水流量和再生水浓度。

$$F_{\min}^{\text{R}}=\frac{M_{\text{cum}}^{v}-F_{\min}^{\text{w}}\left(c_v-c_{\text{f}}\right)}{c_v-c_{\text{out}}^{\text{R}}}\quad\left(c_v<c_{\text{pinch}}\right)\tag{4-16}$$

$$c_{\text{in}}^{\text{R}}=\frac{M_{\text{cum}}^{v}-F_{\min}^{\text{w}}\times\left(c_v-c_{\text{f}}\right)}{F_{\min}^{\text{R}}}+c_{\text{out}}^{\text{R}}\quad\left(c_v>c_{\text{pinch}}\right)\tag{4-17}$$

式中，$F_{\min}^{\text{R}}$为最小再生水流量，$F_{\min}^{\text{w}}$为最小新鲜水流量，$c_{\text{out}}^{\text{R}}$为各浓度区间的出口浓度，$c_{\text{in}}^{\text{R}}$为再生水浓度，$c_{\text{pinch}}$ 为夹点浓度。

4.2　典型行业水系统集成优化方法

4.2.1　用水现状调查

4.2.1.1　调查范围

水系统现状调查的范围应涵盖企业的全部用水系统，调查的内容应包括各用水单元进出水水质、水量及流向等相关参数，并参考以往的水平衡测试结果。

典型行业的水系统现状调查范围见表 4-1。

表 4-1　典型行业水系统现状调查范围

序号	典型行业	调查范围		
		主要生产用水	附属生产用水	附属生活用水
1	钢铁	原料场、烧结、球团、焦化、炼铁、炼钢、轧钢等	氧气站、余热电站、煤气加压站、机修、污水处理场等	厂区内绿化、浴室、食堂、办公楼等
2	石油炼制	常减压、催化裂化、气体分馏、焦化、加氢裂化、加氢精制、催化重整、硫黄回收、制氢、烷基化、异构化等	新鲜水站、制水车间、循环水场、动力站、储运设施、污水处理场等	厂区内绿化、浴室、食堂、办公楼等

表 4-1（续）

序号	典型行业	调查范围		
		主要生产用水	附属生产用水	附属生活用水
3	造纸	备料、制浆、造纸等	氧气站、余热电站、制水车间、空调系统、化学品制备、碱回收、机修、污水处理场等	厂区内绿化、浴室、食堂、办公楼等
4	酒精	原料粉碎、蒸煮糖化、发酵蒸馏等	氧气站、制水车间、机修、检验室、污水处理场等	厂区内绿化、浴室、食堂、办公楼等
5	粘胶纤维	原液、制胶、纺练、碱洗等	氧气站、制水车间、空调系统、酸站、机修、污水处理场等	厂区内绿化、浴室、食堂、办公楼等
6	化纤长丝织造	浆丝、织造、定型等	制水车间、空调系统、设备及其附件清洗、污水处理场等	厂区内绿化、浴室、食堂、办公楼等

4.2.1.2 调查内容

典型行业用水现状调查的内容应至少包括：

（1）企业用水来源调查，包括地表水、地下水、海水、苦咸水、矿井水、再生水等使用情况；

（2）企业的生产能力、生产结构、车间或装置生产和用水情况；

（3）企业供水、水处理、水循环、串级使用和水回用情况；

（4）各用水单元漏损情况；

（5）各用水单元对水量、水质、水压、水温的要求；

（6）各用水单元入口流量、水质、水压、水温及来源；

（7）各用水单元出口流量、水质、水压、水温及去向；

（8）车间或装置主要用水测量点仪表配备情况，包括但不限于一级、二级和三级水流量仪表的配备率、准确度等；

（9）企业近 3 年用水指标、已实施的节水优化措施及下一步节水规划等。

4.2.1.3 水系统测试和现行用水网络图绘制

企业水系统测试包含水量测试、水温参数测试和水质测试，具体测试内容如下：

（1）水量测试：依据 GB/T 12452—2022《水平衡测试通则》开展；

（2）水温参数测试：应包含但不限于新水温度、循环冷却水供水温度、循环冷却水回水温度、循环水冷却器两侧进出水温度、除盐水温度、蒸汽冷凝水温度等；

（3）水质测试：应包含但不限于新水水质、循环冷却水水质、除盐水水质、除氧水水质、蒸汽冷凝水水质、含硫污水汽提净化水水质、回用水水质，以及在各车间排放或用后的循环冷却水水质、冷凝水水质、各类污水水质（例如含油污水、含盐污水、含硫污水）。

结合调查内容和企业水系统测试结果，依据 GB/T 12452—2022 绘制现行水平衡图。

4.2.2　典型行业水系统集成优化

4.2.2.1　确定优化对象

根据企业工艺流程、水杂质种类及浓度、地理位置布局等因素把拟优化对象划分为若干个子系统。其中，子系统可以是一个用水单元或多个用水单元。随后，在各个子系统内确定水源、水阱优化对象，具体方法如下：

（1）用水水质要求低于其他水质要求的用水单元，应作为水阱优化对象；

（2）出水水质能够达到其他水质要求的用水单元，应作为水源优化对象。

注：特殊工序用水应特殊处理。

4.2.2.2　确定水质约束指标

软化水主要水质指标：pH、总硬度、浊度、含铁量、总碱度；

除盐水主要水质指标：pH、浊度、二氧化硅、电导率；

冷却水主要水质指标：pH、总硬度、氯离子、石油类、化学需氧量、悬浮物；

工艺水主要水质指标取决于现场工艺要求，可包括悬浮物、石油类、总硬度、硫化物、氨氮、pH、化学需氧量、生化需氧量、电导率、色度、浊度、氯离子等。

4.2.2.3　关键杂质与极限数据

根据用水单元的设计参数、工艺条件、物料属性、设备类型和材质、操作要求等，结合企业所采用的水处理技术及专家经验评估，确定其关键杂质、非关键杂质、极限进水浓度、极限出水浓度及极限水流量等数据。对于某用水单元禁止引入的杂质，其进水极限浓度应设为 0；出水因含某种杂质而不能被其他单元再利用的单元，设定其出水极限浓度为所有单元出水浓度的最大值。对于进出水极限浓度难以确定的用水单元，可依据经验值和类似工序为其设定一个估计值。废水再生后浓度应根据具有较大流量需求的极限进水浓度确定。

4.2.2.4 集成优化

水系统集成的优化步骤为：①分不同子系统进行单独优化；②在完成各用水子系统优化的基础上，将若干个关系比较紧密的子系统进行集成优化；③根据需要进行扩展，将集成优化后的子系统作为一个单元参与全厂的整体集成优化。以造纸行业为例，子系统优化方法参见表 4-2。

表 4-2 造纸行业子系统优化方法

行业类型	优化方法
造纸	原料场：在排水起点设置沉淀池，推广湿法备料洗涤水循环技术
	制浆车间：采用逆流洗涤、多级浓缩等方式，减少洗浆用水，优先考虑使用处理后的造纸车间的白水、再生水、碱回收车间的冷凝水
	余热电站：各车间的新蒸汽冷凝水回收送余热电站重复使用
	热电站：循环冷却水系统的冷却水循环使用
	应用中浓操作、封闭筛选等工艺降低水消耗与水排放
	针对冷却用水及循环水，设置回收设备、减少排放
	推进废水处理与回用技术，提高回用水量
	开展源头节水措施，如优化用碱量、温度、蒸煮时间，选择先进的漂白工艺，优选废纸浆，采用高效黑液提取设备等，降低化学品消耗

根据用水单元进出水极限浓度和流量计算相应的杂质质量负荷，并依据数学规划法、水夹点技术等方法计算最小新鲜水量，进行用水系统优化，绘制出不同生产车间梯级用水系统集成优化图。

根据实际情况对用水网络优化图进行调整，并遵循如下原则：①将其他可能限制回用水的因素考虑在内，校验方案是否可行；②优先在车间内部进行水量匹配；③尽可能减少用水单元的供水水源数，对水量相当的水源和水阱优化匹配；④应尽可能降低改造费用；⑤应满足预期节水目标。

4.2.3 水系统集成优化效果分析

（1）依据 GB/T 7119—2018《节水型企业评价导则》、GB/T 26924—2011《节水型企业 钢铁行业》、GB/T 26926—2011《节水型企业 石油炼制行业》、GB/T 26927—2011《节水型企业 造纸行业》等的要求，选取并计算企业的各项节水评价指标。

（2）根据企业自身技术经济条件确定优化可行性及目标。

（3）将优化前后的节水评价指标进行比对和分析，依据 GB T 7119—2018 等标准评估集成优化的效果。

（4）根据 GB/T 24044—2008《环境管理　生命周期评价　要求与指南》或 GB/T 33859—2017《环境管理　水足迹　原则、要求与指南》对优化前后的环境效益进行评估。

（5）根据 GB/T 24051—2020《环境管理　物质流成本核算　通用框架》对优化前后的经济效益进行评估。

（6）根据水系统集成优化结果，总结经验，完善有关管理制度，加强管理，与同类企业的水平进行比对或对标自检，持续挖掘企业的节水潜力。

4.3　水系统集成技术及标准应用

以造纸行业为例，使用水足迹分析和水夹点技术相结合的方法，开展水系统集成技术及标准应用研究。

4.3.1　造纸行业现状调查

4.3.1.1　造纸企业排污现状

典型的造纸企业的生产过程主要包括备料、蒸煮、筛选、洗浆、漂白、碱回收、抄浆和制纸等工序。其中，备料工序废水中的主要污染物为 BOD（生化需氧量）、SS。蒸煮工序废水来源为黑液，其主要污染物为 BOD、COD、SS 和无机盐等。碱回收工序废水中的主要污染物为 BOD、COD、SS 和油等，从黑液中可回收大量的能源与化学品，因此碱回收是解决制浆废水污染的重要途径之一。洗浆工序废水来源为稀黑液，其主要污染物为 BOD、COD、SS 和无机盐等。漂白工序废水中的主要污染物为 BOD、COD、SS 和 AOX（可吸附有机卤化物）等。抄浆和制纸工序废水来源为白水，主要包含 BOD、COD、SS、短废纤维、填料、涂料等污染物，这些污染物主要从纸机湿部系统中的网部、伏辊和压榨环节产生。网部产生的白水通常称之为浓白水，在实际生产过程中可直接回用到流送系统。

下面根据全国各地大型造纸企业以及小型造纸厂的调研数据，对造纸污水的 pH 及主要污染物［BOD、COD、TP（总磷）、TN（总氮）、SS、氨氮等］进行年度统计和分析。

如图 4-4 所示，共调研 17 家造纸企业排放污水中的 pH 指标。每家企业提取年度检测数据（*n*）20 组，pH 波动范围为 6～8.17。多数企业排放污水的 pH 在 7 左右浮动，其中最高值为 8.17，最低值为 6。

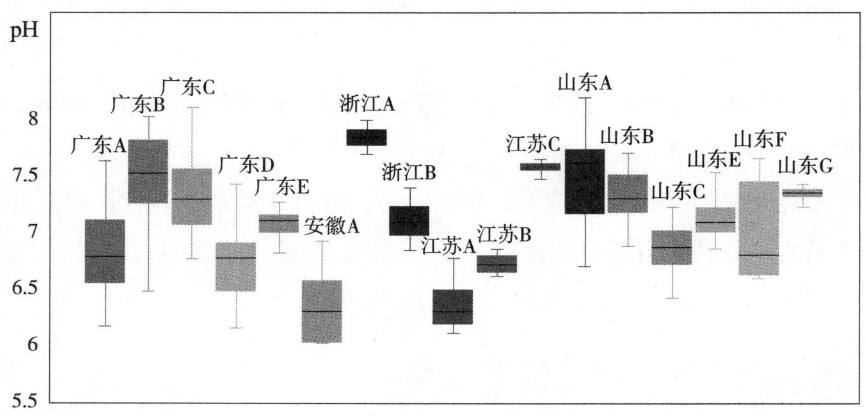

图 4-4　调研造纸企业排放污水中的 pH 波动范围（*n*=20）

如图 4-5 所示，共调研 18 家造纸企业排放污水中的 COD 指标。每家企业提取年度检测数据（*n*）100 组，COD 波动范围为 7.12～196.83mg/L。其中最高值为 196.83mg/L，最低值为 7.12mg/L。

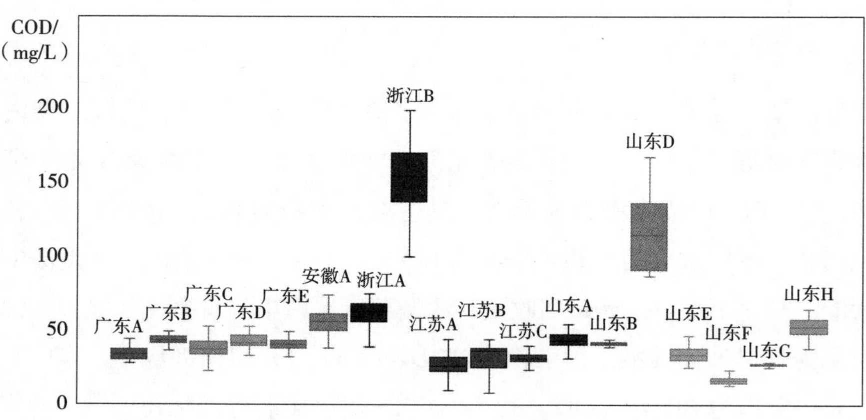

图 4-5　调研造纸企业排放污水中的 COD 波动范围（*n*=100）

如图 4-6 所示，共调研 16 家造纸企业排放污水中的 BOD 指标。每家企业提取年度检测数据（*n*）20 组，BOD 波动范围为 2.24～62.2mg/L。其中最高值为 62.2mg/L，最低值为 2.24mg/L。

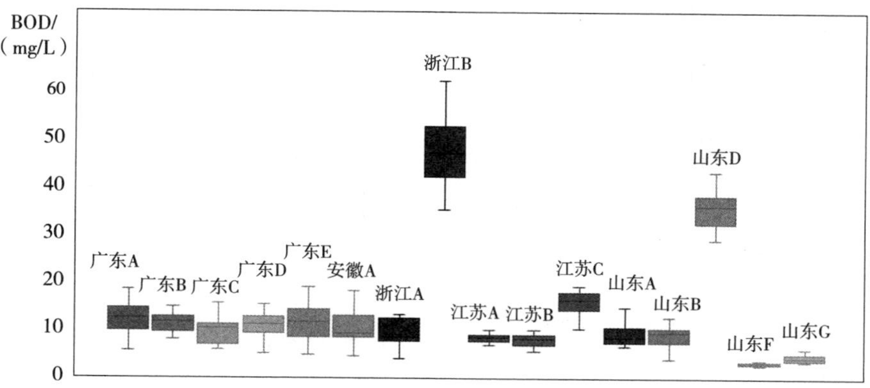

图 4-6 调研造纸企业排放污水中的 BOD 波动范围（*n*=20）

如图 4-7 所示，共调研 14 家造纸企业排放污水中的 TP 指标。每家企业提取年度检测数据（*n*）20 组，TP 波动范围为 0.01～2.38mg/L。其中最高值为 2.38mg/L，最低值为 0.01mg/L。

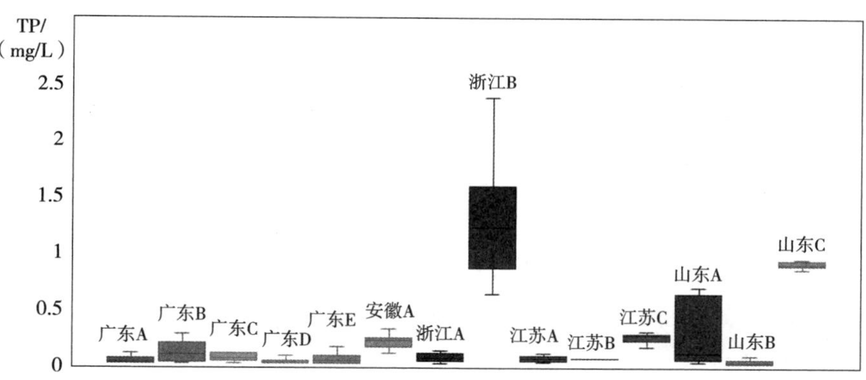

图 4-7 调研造纸企业排放污水中的 TP 波动范围（*n*=20）

如图 4-8 所示，共调研 12 家造纸企业排放污水中的 TN 指标。每家企业提取年度检测数据（*n*）20 组，TN 波动范围为 0.098～11.7mg/L。其中最高值为 11.7mg/L，最小值为 0.098mg/L。

如图 4-9 所示，共调研 17 家造纸企业排放污水中的 SS 指标。每家企业提取年度检测数据（*n*）20 组，SS 波动范围为 4～68mg/L。其中最高值为 68mg/L，最低值为 4mg/L。

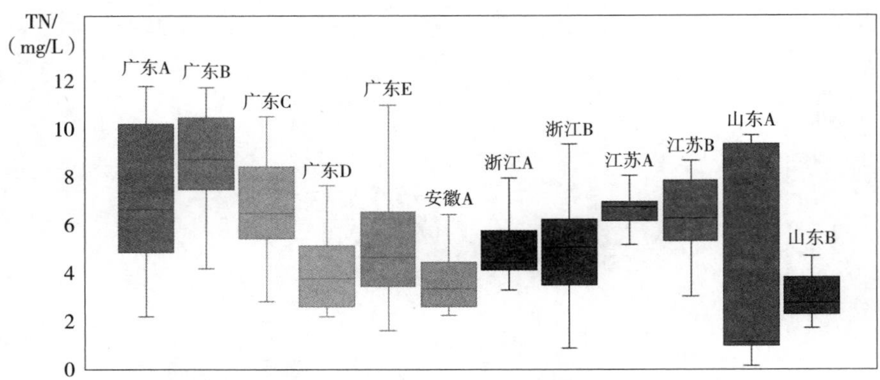

图 4-8 调研造纸企业排放污水中的 TN 波动范围（*n*=20）

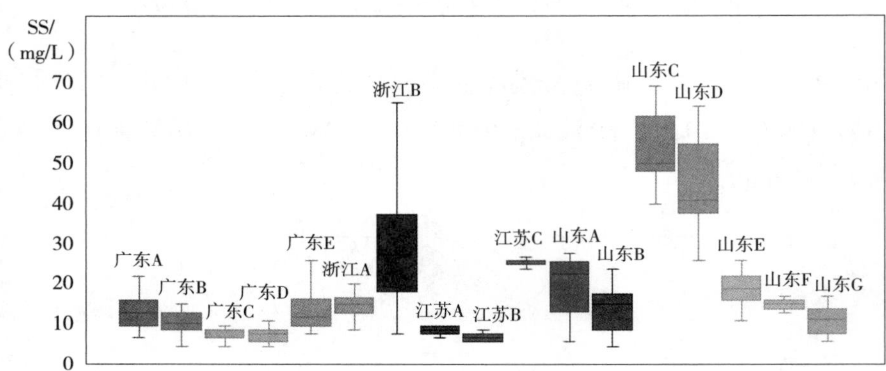

图 4-9 调研造纸企业排放污水中的 SS 波动范围（*n*=20）

如图 4-10 所示，共调研 19 家造纸企业排放污水中的氨氮指标。每家企业提取年度检测数据（*n*）100 组，氨氮波动范围为 0.01～5.22mg/L。其中最高值为 5.22mg/L，最低值为 0.01mg/L。

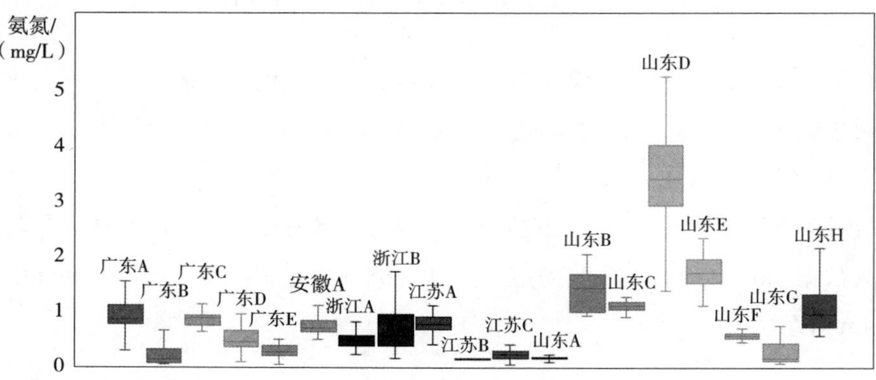

图 4-10 调研造纸企业排放污水中的氨氮波动范围（*n*=100）

此外，还对造纸行业不同产品的新鲜水消耗量、废水排放量和 COD 产生量水平进行了调研。对于新鲜水，其消耗量处于国内一般水平的企业数量最多，其次是国内先进水平，处于国际领先水平的企业数量最少。类似的现象也出现在废水排放量情况的调研中。对于 COD 产生量，处于国内先进水平的企业数量明显增多，尤其是化学机械木浆。

4.3.1.2　造纸企业水回用现状

制浆过程对用水水质的要求较低。在生产本色纸浆过程中，除蒸煮阶段（药剂配制）外，备料、筛选、洗浆、冷却等工艺环节均可使用后续工段的造纸废水或者净化后的白水。在非本色纸的制浆过程中（包含漂白工艺），在一段、二段漂白过程中均可使用后续漂白水，在三段漂白时使用清水。制浆工艺中的洗浆阶段的用水量较大，而且最后一段漂白工艺要求使用清水，这也是白水回用于制浆工艺的主要途径。

在造纸工艺中，主要设备包括浆料的准备系统、纸机湿部系统和纸机干部系统。其中，白水主要从纸机湿部系统中的网部、伏辊和压榨环节产生。网部产生的白水通常称之为浓白水，在实际生产过程中直接回用到流送系统（流浆箱），一般并不外排。伏辊和压榨环节排出的白水进入白水处理设施，经过处理后，可以回用于水力碎浆、打浆、网部清洗等环节。混凝池、流浆机工段对水质要求最低，均可使用浓白水。水力碎浆工段可以依据生产纸的种类不同，采用浓白水或净化后白水。打浆机、纸机网部、纸机压榨工段均可使用净化后的白水。在纸机的用水中，一般只在高压洗涤毛布、高压洗涤网部和密封水使用清水，其余的部位均使用经过处理的回收水或直接使用白水。但是化学品清洗、纸机高压清洗以及密封水系统对水质的要求较高，需要清水，不能用白水代替。

对于用水水质要求低于其他水质要求的用水单元，或出水水质能够达到其他水质要求的用水单元，依据梯级利用的原则，部分企业开展了如图 4-11 所示的不同纸产品车间的用水梯级利用。

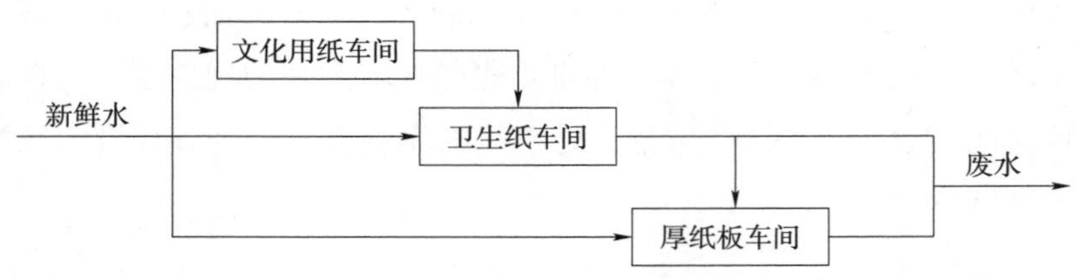

图 4-11　不同纸产品车间的用水梯级利用示例图

4.3.2　造纸行业水系统集成优化

4.3.2.1　造纸行业水足迹评价

为有效地避免因水集成措施引发的二次污染或污染转移，在此针对典型造纸工艺的水足迹进行了量化评估。表 4-3 是典型造纸工艺的水足迹评价用清单。其中，抽纸数据来自文献调研，其他数据为 2014 年度某造纸企业的实际运行情况。水足迹评价所用的背景数据来自基于流程的中国本土化生命周期数据库（CPLCID）。该数据库包含了中国大部分关键行业企业的清单数据并涵盖了 6197 个单元流程，如煤电、太阳能、风电、水电、生物质能源发电、黑色金属、有色金属、化工、化肥、化纤、造纸、运输、建筑、下水污泥、危废处理、医疗废弃物处理、城市固体垃圾处置、餐厨垃圾处置、电子废弃物管理、污水处理等。除了能源产品应用的是能源分配原则外，该数据库应用的均是质量分配原则。此外，所有废物回收和再利用产生的环境效益归入下个阶段考虑。该数据库中呈现的行业、企业清单数据均经过国际 LCA 研究领域同行审核评阅，多数成果发表并收录在国际高水平 SCI（科学引文索引）期刊上。与此同时，运用该数据库可实现宏观层面上的可视化、动态清单构建，为我国绿色制造的开展、产业可持续发展管理提供坚实有力的数据支撑。此外，部分缺失的背景数据（即化学药品）取用自欧洲生命周期清单数据库（Ecoinvent）。但是为了降低所采用的欧洲背景数据给评估结果带来的区域化影响，且使数据更符合中国的实际情况，上述欧洲数据均采用了 CPLCID 数据库中的部分本土背景清单数据（即固体废弃物处置、能源结构以及交通运输等）进行了更新。

表 4-3 典型造纸工艺的水足迹评价用清单

功能单位：每吨风干木浆

分类		单位	抽纸	轻涂纸	生活用纸	特种纸	工艺纸
产品		t	0.91	1.33	1.23	1.21	1.48
能源	电	kW·h	1454.4	490	1489.6	609.7	500.4
	蒸汽	t	—	2.39	2.55	2.91	2.27
原材料	新鲜水	t	5.64	7.08	7.48	13.4	8.37
	苏打	kg	0.64	—	—	—	—
	化学药品	t	4.6×10^{-4}	0.03	0.004	0.19	0.17
	树脂	kg	4.73	—	—	—	—
	液态 CO_2	kg	2.73	—	—	—	—
	尿素	kg	0.09	—	—	—	—
	O_2	kg	3.73	—	—	—	—
	涂料	t	—	0.47	—	—	—
	表面施胶剂	t	—	—	0.06	—	2.96
	石灰	t	—	—	—	—	0.4
	淀粉	t	—	—	—	—	0.06
	NaOH	t	—	—	—	—	0.004
	废纸浆	t	—	—	—	—	0.11
	木屑	t	—	—	—	—	—
	氯	t	—	—	—	—	—
排放	废水	t	3.45	5.18	5.96	10.76	5.51
	COD	t	3.4×10^{-4}	3.71	0.27	0.04	0.003
	BOD	t	1.0×10^{-4}	1.47	0.11	0.01	0.001
	SS	t	—	5.55	0.41	0.05	0.004
	TN	kg	18×10^{-4}	214.25	15.64	2.03	0.17
	TP	g	0.18	—	—	—	—
	AOX	g	0.18	—	—	—	—
	固体废弃物	t	0.12	—	—	—	—
	生活垃圾	kg	—	0.28	0.26	0.14	0.32

图 4-12 为不同漂白情景下各典型纸产品水足迹标准化分析结果。对于灰水足迹，水体富营养化和致癌性影响对总体环境负荷的贡献最大，非致癌性与淡水生态毒性的影响相对较小。引发水体富营养化和致癌性影响的关键物质为 BOD、COD、磷与金属铬，而排放到水体中的其他物质与排放到空气与土壤中的污染物对水足迹的贡献可忽略不计。因此，在开展造纸企业水集成时，调查范围可不涉及水足迹评价时需包含的对水质有影响的气体与土壤中的污染物。导致水体富营养化和致癌性影响的关键流程为化学品、直接排放与能源消耗。所以，造纸企业水系统集成优化时，不仅需要对企业的用水与排水开展调研，还应采取源头节水措施，如优化用碱量、温度、蒸煮时间，选择先进的漂白工艺，优选废纸浆，使用高效黑液提取设备，降低化学品消耗等。

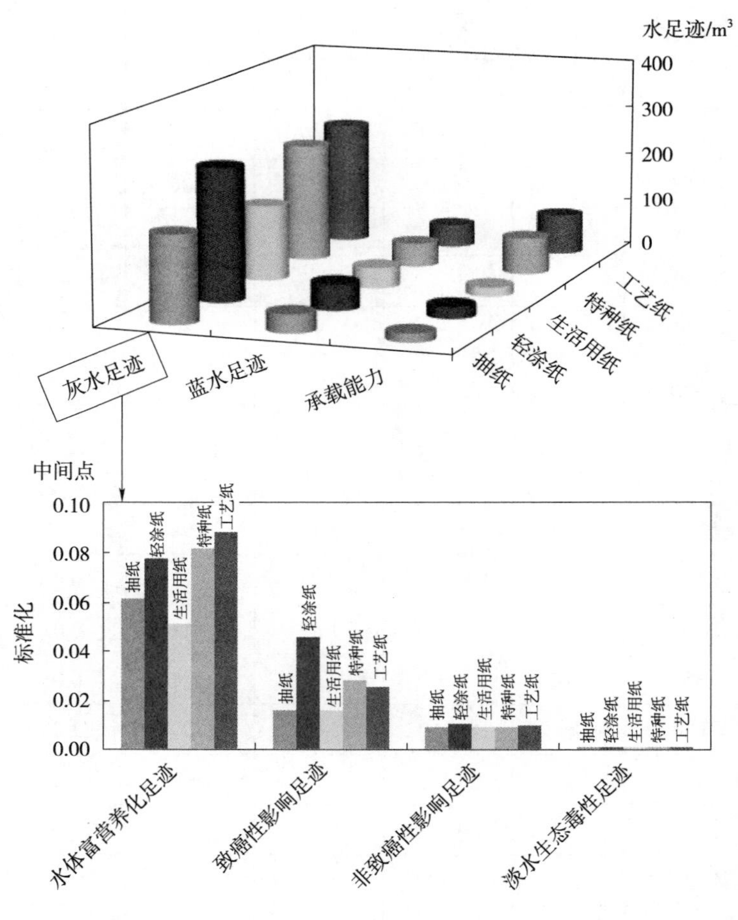

（a）含氯三段漂白（CEH）

图 4-12　典型纸产品水足迹标准化分析结果

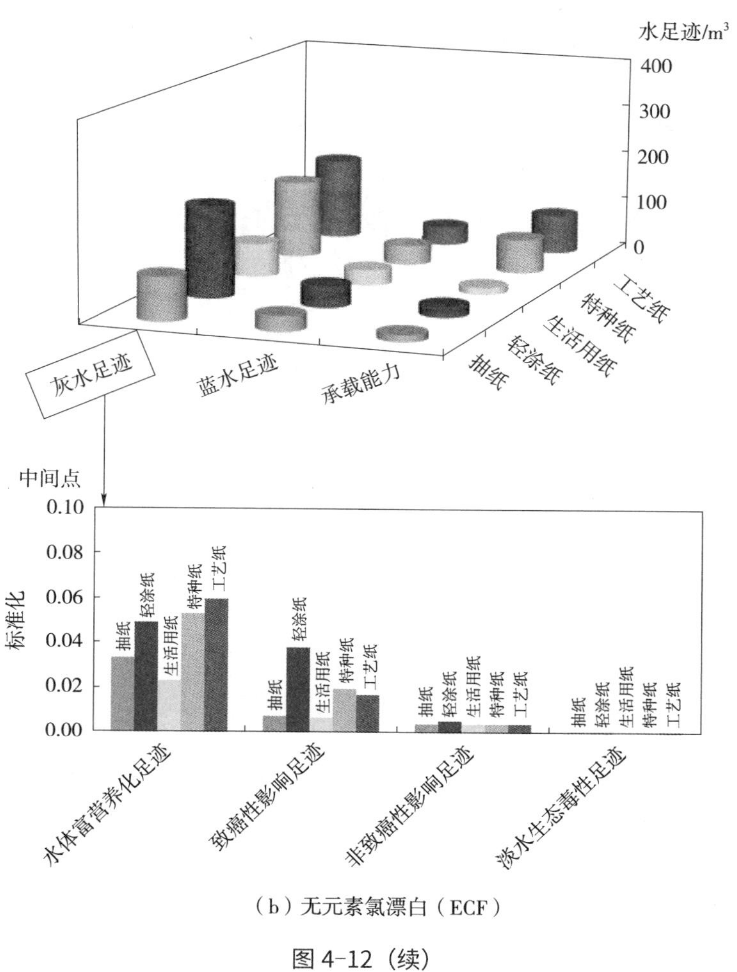

（b）无元素氯漂白（ECF）

图 4-12（续）

4.3.2.2　确定优化对象

应根据造纸企业工艺流程、水杂质种类及浓度、地理位置布局等因素将拟优化对象划分为若干个子系统，每个子系统包含一个或多个用水单元，并在各个子系统内确定水源、水阱优化对象。对于用水水质要求低于其他水质的用水单元，应作为水阱优化对象，而对于出水水质能够达到其他水质要求的用水单元，应作为水源优化对象。特殊工序用水应特殊处理，如化学木浆项目中段废水、碱回收冷凝水、造纸项目纸机白水等部分。造纸企业若设置了碱回收系统，那么进入碱回收系统的废水视为原材料处理，不计入全厂用水网络优化分析。

为阐明优化对象的选取及优化子系统的划分，下面以某造纸企业为例进行水系统集成优化分析。根据前期调研结果，该企业有一个制浆车间和两个造纸车间，造纸车间分别生产文化纸和液包原纸。在水系统网络优化前，该企业的三个车间均取用新鲜水进行生产，而造纸过程中产生的废水仅部分回用至制浆车间，大部分废水排放至污水处理站处理后排放，如图 4-13 所示。通过用水情况分析，该企业的水系统可以拆分成 B、C、W、P1、P2 五个单元，分别为制浆车间 B、废水再生系统 C、污水处理场 W 及造纸车间 P1 和 P2，如图 4-14 所示，A 表示该优化网络系统的水源。其中，两个造纸车间 P1 和 P2 及制浆车间 B 关系密切，可看作一个子系统。

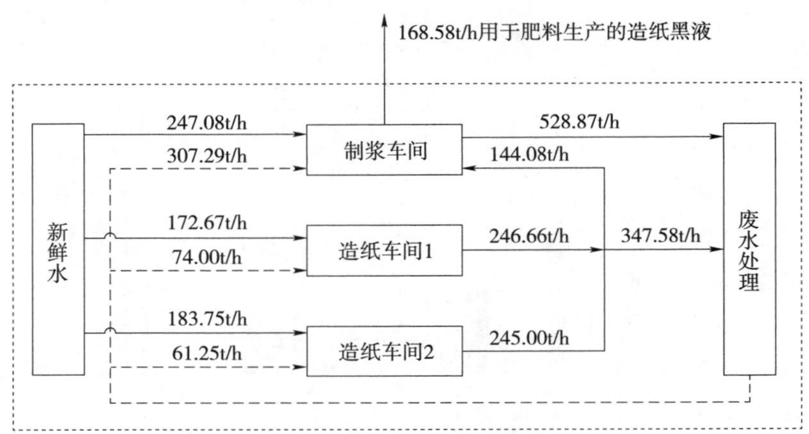

图 4-13　优化前企业水平衡图

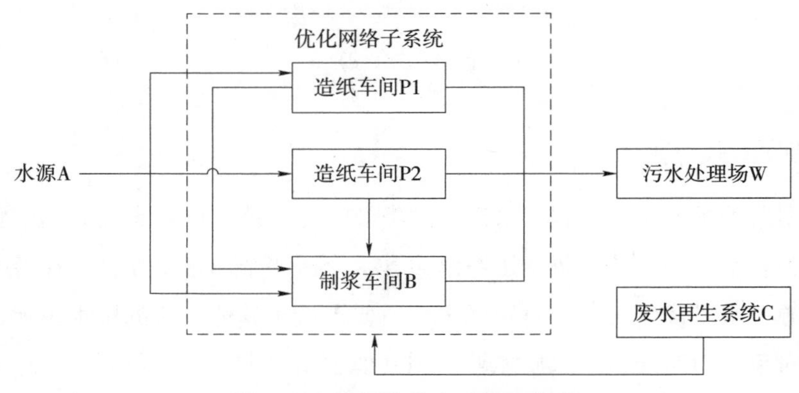

图 4-14　造纸企业水系统示意图

4.3.2.3　水集成关键指标筛选

经研究，造纸行业具有废水排量大，且废水中纤维素、木质素、碱、树脂、蛋白质等物质含量高的特点。这些特点导致排放废水的色度深、碱性大、悬浮物含量大、有机物和难降解物质含量高、耗氧量大，并且有硫醇类恶臭气味（含有二价硫）溢出，组成成分复杂难以处理。目前，我国造纸污染物排放标准指标主要集中在 COD、BOD、TN 和 TP。但是，造纸污水在实际排放中存在大量的甲基萘、二噁英、三价铬、氟化氢等有毒有害物质，因而需要对造纸废水的评价指标进行科学筛选。由于我国缺乏造纸企业的详细监测数据，这里采用日本某造纸企业污水排放自主监测数据（见表 4-4）开展水足迹评价。

表 4-4　日本某造纸企业污水排放监测数据

污染物质	单位	数值	污染物质	单位	数值
BOD	t	4.94×10^3	甲基萘	t	1.5
COD	t	2.24×10^4	二噁英	g	0.3
SS	t	1.27×10^4	癸酸	t	0.3
锌	t	0.2	硫酸酯钠盐	t	2.7
丙烯酸丁酯	t	0.6	1,2,4- 三甲苯	t	0.2
乙醇胺	g	1	环乙烷	t	0
石棉	t	0	镍	kg	2
异戊二烯	t	0.1	石碳酸	t	0.01
环氧乙烷	t	0.01	氟化氢	t	4.4
三价铁	t	0	溴丙烷	t	1.7
三价铬	t	0.01	正己烷	t	1.5
苯乙烯	t	0.01	甲醛	t	0.8
镁	t	6.5	硼	t	14.9
2,2- 二溴氮川丙酰胺	t	23.8	1,4- 对苯二异氰酸酯	t	0

表 4-4 所示造纸企业污水排放中，COD 所占比重最大，其次是 SS 和 BOD 的含量，而其他污染物种类较多但总体含量较低。环境影响评价分析结果如图 4-15 所示，其主导指标为 COD，占总影响贡献率为 81.89%，其次为 BOD 占环境总负荷的 18.10%。同时，研究人员对国内某大型制浆造纸企业的两个排污口的排水情况进行了实地监测并进行了水足迹分析，分析结果如图 4-16 所示。由图 4-16 可以看出，该企业的两个排污口废水排放的污染物所造成的环境影响中，COD 所占比重最大，分别达到了 57.38% 和 65.63%。上述结果表明，采用 COD、BOD 为造纸企业水集成评价指标是科学、可行的。

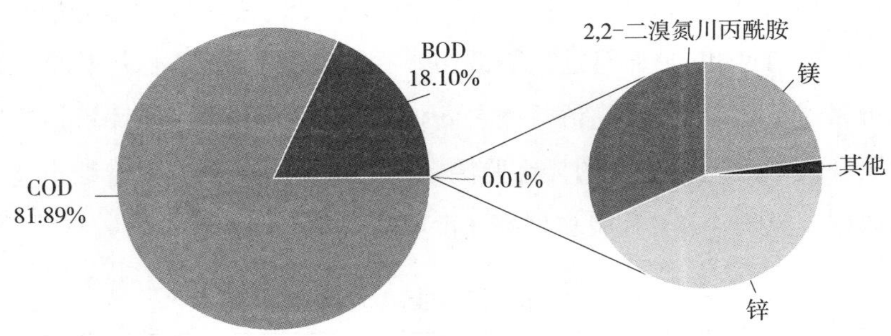

图 4-15　日本某造纸企业污水排放环境影响评价分析

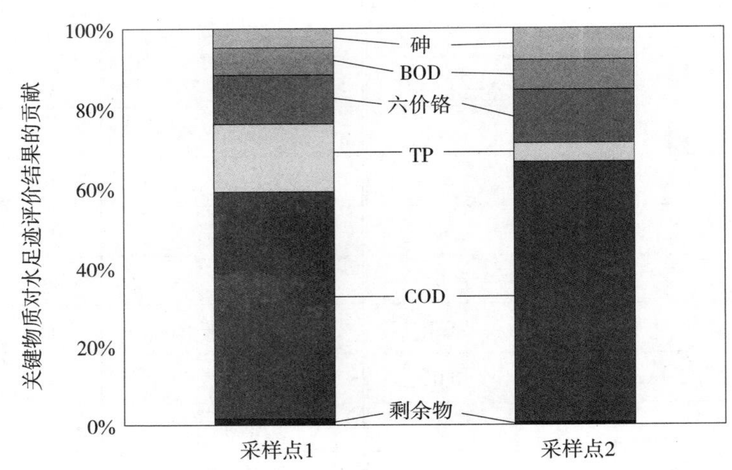

图 4-16　国内某造纸企业排污口污水排放水足迹评价结果

4.3.2.4　确定约束条件和极限数据

在水系统集成的实际应用中，合理确定水中杂质种类和极限浓度是能否获得较优的系统而且使新鲜水用量和废水排放量达到较小的关键。杂质种类取得过多，则集成优化过程过于复杂；杂质种类取得过少，未考虑的杂质种类可能对一些单元的操作产生影响。基于水足迹分析结果，研究人员选择了对该造纸企业各操作单元以及环境影响最大的 COD 作为其约束条件，在此基础上开展了极限数据的收集。而极限数据的选择需根据工序的设计参数、工艺条件、物料属性、基本操作等来确定过程的极限进口数据。极限数据取得过于保守（即偏小），则不能达到较好的节水减排效果；反之，若极限数据过大，则设备有可能无法正常运行。

通过对优化对象（见图 4-13）各用水单元的实际生产数据以及用水极限数据

的监测和收集整理，各用水单元的极限数据见表 4-5。研究人员采用水夹点技术对该企业生产车间用水进行了梯级优化，考虑了废水直接回用和废水再生回用两种方案。

表 4-5　水系统网络优化前各用水单元的极限数据

用水单元	质量负荷 kg/h	极限入口浓度 mg/L	极限出口浓度 mg/L	极限流量 t/h
制浆车间	1158.50	1900	3800	609.74
造纸车间 1	409.96	200	1800	256.23
造纸车间 2	546.60	500	2400	287.68

对于废水直接回用方案，其问题表见表 4-6。由表 4-6 可知，水夹点出现在 3800mg/L 时，新鲜水流量为 556.59 t/h。

表 4-6　废水直接回用方案问题表

浓度 mg/L	制浆车间	造纸车间 1	造纸车间 2	质量负荷 kg/h	累积质量负荷 kg/h	流量 t/h
0						
				0		
200					0	0
				76.87		
500					76.87	153.74
				707.08		
1800					783.95	435.33
				28.77		
1900					812.72	427.75
				448.71		
2400					1261.43	525.60
				853.63		
3800					2115.06	556.59

对于废水再生回用方案，最小新鲜水消耗量及最小再生水流量相同时，代表该系统是一个完全再生回用系统。因此，可以通过表 4-7 确定出系统主要参数的目标值：最小新鲜水消耗量及最小再生水流量均为 287.76t/h，最佳再生水浓度为 3800mg/L。即当新鲜水排放浓度达到 3800mg/L 时，需要将其送至再生水装置。

表 4-7 废水再生回用方案问题表

浓度 mg/L	制浆车间	造纸车间 1	造纸车间 2	质量负荷 kg/h	累积质量负荷 kg/h	流量 t/h	再生水流量 t/h	再生水浓度 mg/L
200					0	0	0	—
				12.81				
250					12.81	51.25	51.25	—
				64.06				
500					76.87	153.74	102.49	—
				707.08				
1800					783.95	435.33	234.01	—
				28.77				
1900					812.72	427.75	228.94	—
				448.71				
2400					1261.43	525.60	277.24	—
				853.63				
3800					2115.06	556.59	287.76	3800

4.3.2.5 水夹点优化

在得到新鲜水流量、再生水流量和再生浓度后，研究人员采用了最小匹配数法进行了用水网络构建，结果如图 4-17 和图 4-18 所示。

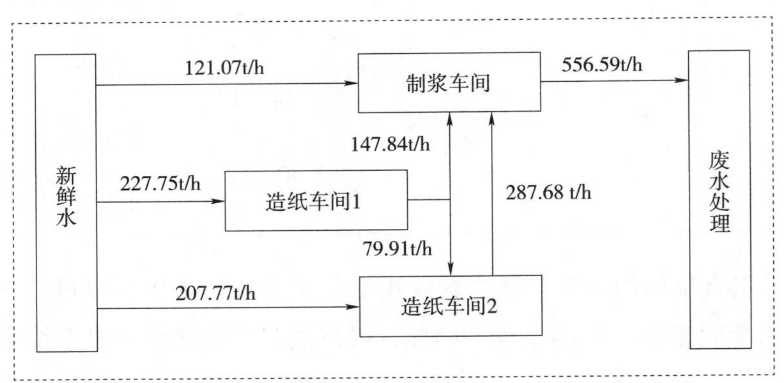

图 4-17 废水直接回用方案优化后用水网络图

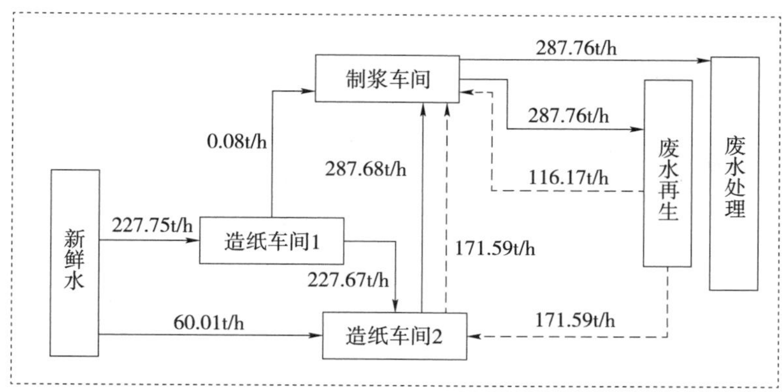

图 4-18　废水再生回用方案优化后用水网络图

该子系统经过优化后可以形成企业子系统集成优化示意图（图 4-19），并以优化后的子系统参与全厂水系统集成优化程序。

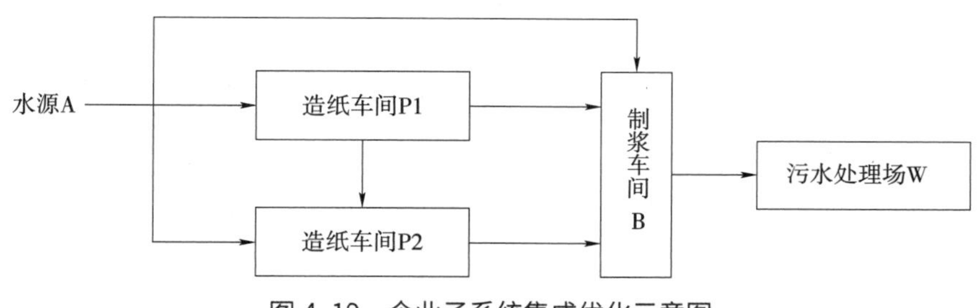

图 4-19　企业子系统集成优化示意图

全厂水系统优化的结果如图 4-20 所示。

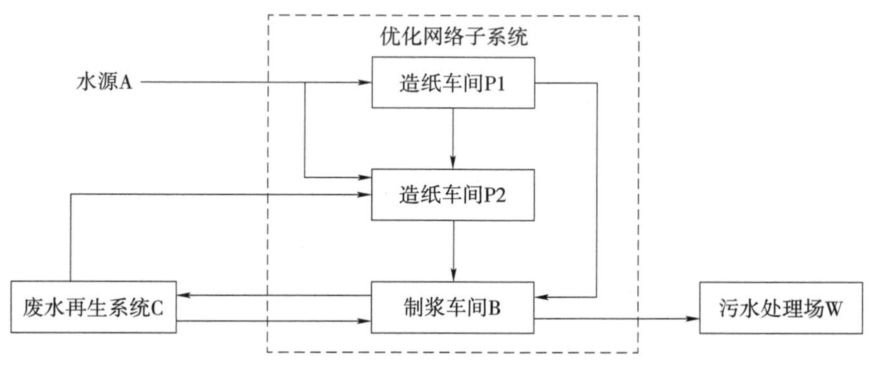

图 4-20　造纸企业全厂水系统优化示意图

4.3.3 造纸行业水系统集成优化效益

4.3.3.1 环境效益

水夹点技术优化前后的水足迹分析结果如图 4-21 所示。优化后，采用直接回用和再生回用方案，其新鲜水消耗量分别下降 7.8% 和 52.3%，污水处理量减少约 35%，COD 削减量超过了 95%。优化后，其对人体健康和生态系统的环境负荷下降了约 35%。对资源消耗的影响，直接回用方案降低了 23.0%，再生回用方案降低了 43.8%。

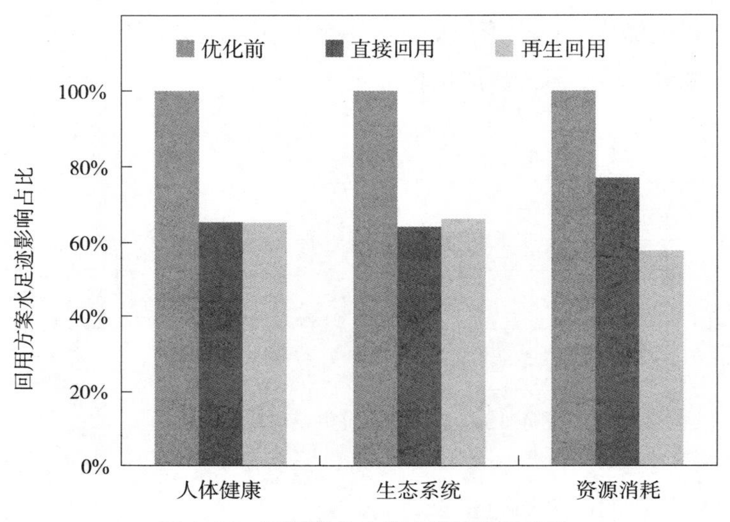

图 4-21 不同优化方案水足迹影响评价

下面以某造纸企业白水回用的水足迹为例进行解析。该企业有造纸生产线四条，年生产销售各种高档纸板箱 5.5 万 t，年产值上亿元。因施胶剂、防腐剂、增强剂等原辅料的使用，导致造纸白水主要含有大量的细小纤维、填料等悬浮物，但其 COD、BOD 指标较低。因白水排放量较大，如果直接排放会造成环境污染与水资源浪费。该企业通过技术改造工程，将直接排放的白水经处理后回用于生产。技术改造前工程新鲜水用量 $7400m^3/d$，废水排放量 $7000m^3/d$，同时污水处理站出水水质 COD、BOD 和 SS 指标严重超出国家标准的要求。经过对污水处理设施进行技术改造，提高了污染物去除率，将废水深度处理后回用，减少了废水的排放总量和污染物排放总量。

白水回用处理工艺水足迹分析系统边界图如图 4-22 所示，其考虑了技术改造前（SⅠ）、技术改造后（SⅡ）和未经处置三种情形。下水污泥处置阶段包含四种处置方案，分别是下水污泥直接焚烧（S1）、热解气化（S2）、安全填埋且填埋过程中产生的沼气用于发电（S3）和安全填埋但产生的气体直接焚烧（S4）。

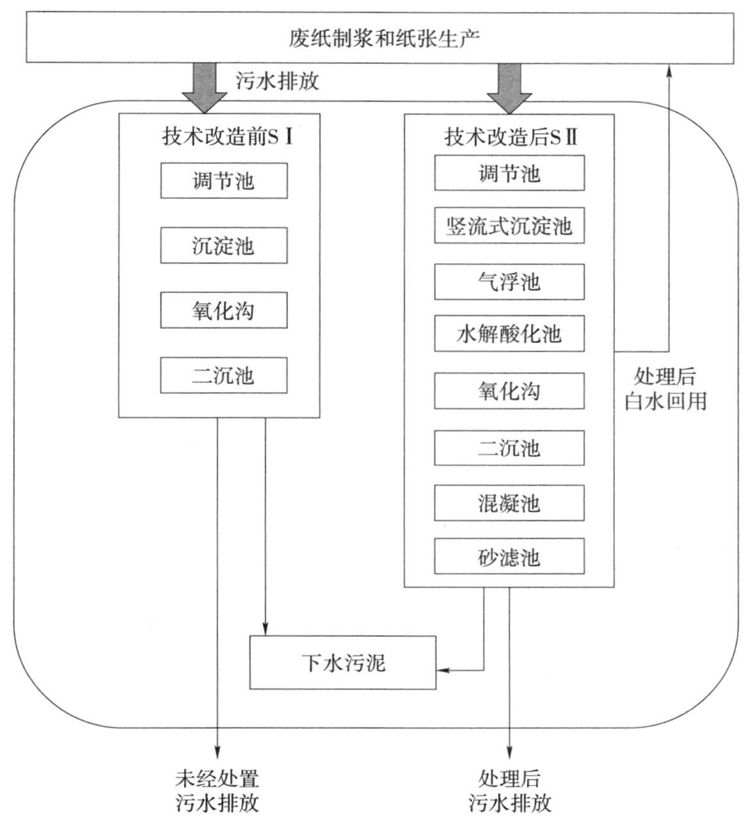

图 4-22　白水处理工艺水足迹分析系统边界图

白水回用处理工艺水足迹分析结果如图 4-23 所示。从图 4-23 中可以看出，未经处置的水足迹值为处置后的 7 倍以上，说明白水回用可以带来良好的环境效益。技术改造后水足迹值也有了明显的降低，且结合了热解气化（S2）的处置方案的水足迹值最低（0.87m^3）。在污泥处理环节中，直接焚烧（S1）的处置方案的水足迹值最高，其次是安全填埋的处置方案。对于安全填埋过程中产生的气体，用于发电（S3）和直接焚烧（S4）导致的水足迹值基本一致。因此，从水足迹的角度考虑，选择白水回用技术改造后的废水处置方案结合污泥的热解气化处置方案可以取得最高的环境效益。

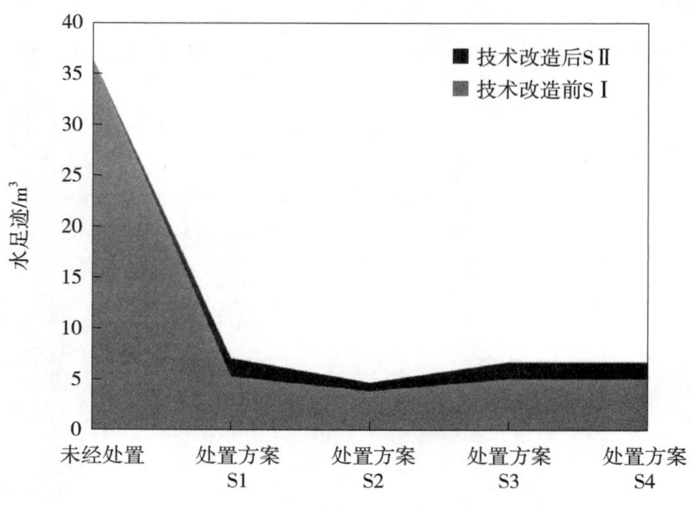

图 4-23　技术改造前后的水足迹分析结果

4.3.3.2　经济效益

此外，研究人员还对技术改造前后的造纸废水处理工艺的经济效益进行了分析，结果如图 4-24 所示。研究发现，对于 S1～S4 四种不同处置方案，企业的经济成本分别缩减了 46.17%、63.11%、46.17% 和 46.17%。结合图 4-28 环境影响结果，说明此项技术改造工程可以实现环境效益和经济效益双赢。

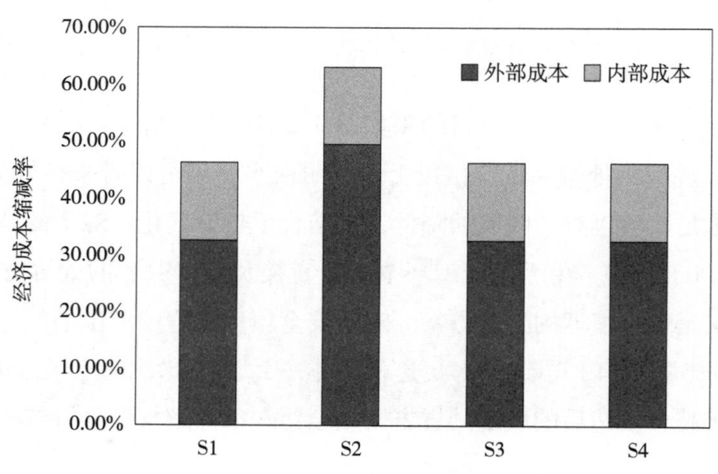

图 4-24　不同下水污泥处置方案的经济效益分析结果

4.3.4　造纸企业各用水单元进出水水质约束参考限值

4.3.4.1　循环冷却水系统补充水

工业循环水水质通常会因腐蚀、结垢、菌藻、粘泥等现象，对生产造成危害。因此需对水中相关腐蚀性、结垢性影响因子（pH、钙硬度、Cl^-、石油类、SS、总硬度、铁、SiO_2、水温、溶解性总固体）加以控制。造纸企业循环冷却水系统补充水控制限值可参见 GB/T 19923—2005《城市污水再利用　工业用水水质》、GB/T 30887—2021《工业企业水系统集成优化技术指南》中的相关要求。为确保循环冷却水系统正常运行，可参考表 4-8 制定相关指标水质控制限值。

表 4-8　循环冷却水系统补充水质控制限值

序号	控制项目	限值
1	pH	6.5～9.0
2	钙硬度（以 $CaCO_3$ 计）/（mg/L）	≤450
3	Cl^-/（mg/L）	≤150
4	石油类 /（mg/L）	≤1
5	SS/（mg/L）	≤30
6	总硬度 /（mg/L）	≤450
7	铁 /（mg/L）	≤0.3
8	SiO_2/（mg/L）	≤50
9	水温 /℃	≤30
10	溶解性总固体 /（mg/L）	≤1000
11	COD_{Cr}/（mg/L）	≤60
12	BOD_5/（mg/L）	≤30

4.3.4.2　再生水作为回用水

如前文所述，造纸企业中的制浆工艺对用水水质要求并不高，除了蒸煮阶段的药剂配制和最后一段漂白工艺要求使用清水，其他备料、洗浆、粗浆、除砂、第一段和第二段漂白工序都可使用后续工段的废水或者净化后的白水。而造纸工序对用水水质要求相对较高，使用清水的工段主要包括化学品和填料的稀释水、密封水（包括密封箱、真空系统）和纸机清水（纸机高压清洗水）。在打浆机、纸机网部、纸机压榨工段均可使用净化后白水。但是，净化后白水水质对于制浆造纸过程和纸张的质量都有一定的影响：

（1）浑浊度和色度对于漂白纸浆、淡色纸以及高白度的纸有一定影响。为了满足造纸水质要求，需对浑浊度和色度大的原水进行处理，但需要注意原水处理过程中药剂使用造成的出水水质下降问题。

（2）总溶解性固体含量高的水，加重废水的处理难度，处理后水的稳定性差，同时一部分溶解性固体进入抄纸生产，影响纸张白度，增加尘埃量，易堵塞高压喷水管的管嘴和水针。

（3）水中的氯化物一定程度上可以防止浆料中细菌和黏性物质的产生，但高浓度的氯化物会造成浆料纤维中的碳水化合物降解，降低纤维的长度，影响纸张强度，同时加重了设备的腐蚀程度，影响机械设备的寿命。

因此，参考 GB/T 19923—2005《城市污水再生利用　工业用水水质》、HG/T 3923—2007《循环冷却水用再生水水质标准》、SL 368—2006《再生水水质标准》等的相关数值，可得到表 4-9 关于回用水质控制限值的参考值。

表 4-9　再生水作为回用水质控制限值

序号	控制项目	限值
1	pH	6.5～8.5
2	钙硬度（以 $CaCO_3$ 计）/（mg/L）	≤450
3	Cl^-/（mg/L）	—
4	石油类 /（mg/L）	≤1
5	SS/（mg/L）	—
6	总硬度 /（mg/L）	≤450
7	铁 /（mg/L）	≤0.3
8	SiO_2/（mg/L）	≤30
9	水温 /℃	—
10	溶解性总固体 /（mg/L）	≤1000
11	COD_{Cr}/（mg/L）	≤60
12	BOD_5/（mg/L）	≤10

4.3.4.3　各用水单元进水水质极限参考值

参考 HJ 2011—2012《制浆造纸废水治理工程技术规范》中的数值，可得到各用水单元进水水质极限参考值，见表 4-10。

表 4-10　各用水单元进水水质极限参考值

用水单元		进水水质限值 / （mg/L）		
		SS	COD_{Cr}	BOD_5
纸浆	漂白化学木（竹）浆	250	1200	350
	本色化学木（竹）浆	250	1200	350
	漂白化学非木（麦草、芦苇、甘蔗渣）浆	900	1900	600
	机械木浆	850	3200	1200
	废纸浆	800	1500	550
	脱墨废纸浆	450	1200	350
纸	印刷书写纸	300	200	100
	生活用纸	250	500	180
	包装用纸	250	500	180
	白卡纸	50	150	100

4.3.4.4　各用水单元出水水质极限参考值

参考 HJ 2011—2012《制浆造纸废水治理工程技术规范》中的数值，可得到各用水单元出水水质极限参考值，见表 4-11。

表 4-11　各用水单元出水水质极限参考值

用水单元		出水水质限值 / （mg/L）		
		SS	COD_{Cr}	BOD_5
纸浆	漂白化学木（竹）浆	1500	2500	800
	本色化学木（竹）浆	1500	2500	800
	漂白化学非木（麦草、芦苇、甘蔗渣）浆	2400	4200	1500
	机械木浆	2000	8000	2800
	废纸浆	1800	5000	1500
	脱墨废纸浆	3000	6500	2000
纸	印刷书写纸	3800	3800	1200
	生活用纸	1300	1800	800
	包装用纸	3800	3800	1200
	白卡纸	1000	1900	900

第 5 章
水回用关键技术及标准研究

5.1 水回用概况

5.1.1 水回用发展现状

水资源短缺、水环境污染和水生态破坏等突出水环境问题是我国和全球面临的重大资源问题。随着人口的增加、城镇化进程的加快以及气候变化对水资源可利用量的影响，水资源短缺已成为制约经济社会发展的重要因素。到 2025 年，全球将有一半以上的人口生活在缺水地区。目前，全球约 20 亿人缺乏饮用水源安全质量管理。由水源污染引起的水传播疾病，如腹泻等，每年导致约 50 万人死亡。因此，水环境污染和水生态破坏问题不容忽视。

水环境问题的根源在污水。污水再生利用（即水回用）既可削减环境污染，又可有效增加水资源，发展潜力巨大。再生水已逐步成为国际公认的“城市第二水源”，再生水利用是改善水环境质量和促进城市经济社会可持续发展的有效途径。与传统水资源相比，再生水利用具有诸多优点：①污水的排放基本不受天气、气候等因素的影响且水源靠近主要的人口中心，是水量较为稳定的可靠水资源；②城市污水就地可取，与外部调水、远距离输水和海水淡化等相比，在经济性上优势明显；③水回用在减少污水排放、减轻水体污染的同时，也减少了对新鲜水资源的开采，具有显著的资源效益、环境效益、社会效益和经济效益。随着污水再生处理技术和工艺的日趋成熟，通过科学的工艺设计和系统运行管理，再生水的主要出水水质不断提高，能满足不同利用途径的水质要求。

我国城市水回用理论的发展成熟与实践可以分为三个阶段，即理论起步阶段、示范工程建设阶段和全面发展阶段。“六五”期间（1981—1985 年）为我国城市污水回用研究的理论起步阶段。“七五”至“九五”期间为我国城市污水回用的示范工程建设阶段，“七五”“八五”期间，有两项课题列入国家科技攻关计划，即城市污水资源化的研究、城市污水回用技术；“八五”“九五”期间，北京、西安、大连等城市开始建设污水回用示范工程。“十五”到“十一五”期间是我国城市污水回用技术的全面发展阶段，再生水利用被写入“十五”计划，污水处理及再生利用被写入“十一五”规划。

根据水回用需求的不同，水回用模式主要包括集中式和分散式水回用系统。目前，针对采用哪种模式效果更佳以及该模式对水回用系统创新管理的影响引起了广泛的探讨。总的来看，国际上特别是在人口稠密的城市和地区，主要采用集中式水回用系统模式。分散式水回用系统模式通常应用于城乡接合部、农村和偏远的区域。分散式水回用系统模式按照处理规模又可分为就地型系统、集群系统、社区系统和半集中式系统等。现阶段，我国城镇污水处理厂以集中式污水处理系统模式为主。特别是在大型或超大城市，集中式污水处理系统模式所占比例更高，该模式对于污染物减排和水环境质量提升发挥了重要作用。例如，2010 年北京市中心城区集中式污水处理系统模式所占比例高达 94%。

由于集中式污水处理系统模式的兴起，集中式水回用系统模式也得以广泛实践。集中式水回用系统模式通常以城市污水处理厂出水或符合排入城市下水道水质标准的污水为水源，进行集中处理产生再生水，再将再生水通过输配管网输送到不同的用水场所或用户管网。集中式水回用系统模式的优点是具有规模效应，再生水处理设施的建设和运行成本较低，水质稳定，但是该模式存在管网建设费用高、占地面积大、输送距离长、运行维护成本高、难以实现“分质使用”和“优水优用、劣水低用”等问题。相比而言，分散式水回用系统模式是在相对独立或较为分散的居住小区、开发区、度假区或其他公共设施组团中，以符合排入城市下水道水质标准的污水为水源，就地建立再生水处理设施，实现再生水就近就地利用。该模式可适用于不同程度的现场条件，可快速便捷地实现污水再生利用，且具有投资成本低、运行维护简单等特点。但分散式水回用系统一般规模较小，在工程建设和运行方面不具有规模效应，存在管理难度大、运行不易稳定等缺点。集中式水回用系统模式和分散式水回用系统模式各有利弊，选择和发展因地制宜的污水再生利用模式已成为国内外城镇污水管理的一种新理念。

5.1.2 水回用标准化现状

标准规范是水回用行业健康发展的重要保障，再生水标准的制定、颁布和实施可为行业开展项目规划、设计、管理、评价等工作提供专业指导意见和规范。目前，污水再生利用的实践越来越多，但该领域的标准化工作却远远滞后于实践，存在重要标准缺失、统筹协调不足、系统风险管理和过程控制程度不高、方法不统一等突出问题。

水回用系统是一个复杂的非传统供水工程，其水源水质复杂多变、处理工艺环节多且构成复杂，水质安全保障对研究手段、技术工艺和水质监管的要求很高，需根据相应的技术标准与规范完善系统规划、设计、管理和评价，以保障再生水利用安全。

现有的再生水水质标准的制定多依赖于污水排放标准的思路，难以全面表征和评价再生水利用风险，存在水质指标不全面、标准值确定依据不足、较少考虑用户和利用条件差异等问题。目前，还缺少再生水处理技术和工艺评价等方面的重要标准。因此，亟需开展面向实际需求、符合再生水特点的标准化体系研究和标准的研制。为满足水回用标准化工作需求，有必要结合国内外水回用经验，制定突出行业特点、系统性强、可操作性强、针对性强的再生水处理技术与工艺评价指南，指导再生水处理技术与工艺的比选和诊断优化，促进再生水的合理高效开发与利用，推动水回用行业规范化发展。

为了规范水回用工程设计，同时为城市污水再生处理工程实施提供参考依据，我国颁布了一系列设计规范及与水回用相关的标准。目前，已颁布了 13 个国家标准、2 个行业标准以及《城镇污水再生利用技术指南（试行）》，见表 5-1。

表 5-1　我国现有水回用相关标准、文件

标准号 / 文件号	标准名称
GB/T 18919—2002	城市污水再生利用　分类
GB/T 18920—2020	城市污水再生利用　城市杂用水水质
GB/T 18921—2019	城市污水再生利用　景观环境用水水质
GB/T 19772—2005	城市污水再生利用　地下水回灌水质
GB/T 19923—2005	城市污水再生利用　工业用水水质
GB 20922—2007	城市污水再生利用　农田灌溉用水水质
GB/T 25499—2010	城市污水再生利用　绿地灌溉水质
GB/T 32327—2015	工业废水处理与回用技术评价导则
GB/T 41016—2021	水回用导则　再生水厂水质管理
GB/T 41017—2021	水回用导则　污水再生处理技术与工艺评价方法

表 5-1（续）

标准号 / 文件号	标准名称
GB/T 41018—2021	水回用导则　再生水分级
GB 50335—2016	城镇污水再生利用工程设计规范
GB 50336—2018	建筑中水设计标准
CJJ 252—2016	城镇再生水厂运行、维护及安全技术规程
SL 368—2006	再生水水质标准
建城〔2012〕197 号	城镇污水再生利用技术指南（试行）

总体上，水回用的标准化工作已取得一定的成果，但仍需在再生水评价和管理方面进一步开展标准研制工作，为再生水处理和利用过程的风险识别、性能评价与安全控制提供标准技术体系支撑。

5.2　我国城镇水回用标准体系研究

从目前我国现有水回用标准体系来看，仅有术语类和水质标准类的部分标准，缺少水质评价类、技术评价类、管理类、设计类、利用类、产品类和服务类标准，亟需以规范污水资源化产业发展为核心目标，开展面向实际需求、符合再生水特点的标准化体系研究，形成水回用水质要求、设计、利用、服务、评价的资源化利用标准体系，为国家污水资源化的长期战略发展提供标准体系支撑。

另外，现有的再生水水质标准和处理工艺设计标准的修订周期长，不能满足快速发展的污水资源化利用发展需求，应建立定期修订机制，保证标准的适用性和先进性。

此外，还需要加强水回用标准的国际转化。一方面是将世界卫生组织（WHO）、国际标准化组织（ISO）等国际组织成熟的标准转化为国家标准；另一方面是与国际标准化组织密切合作，将我国行之有效的标准转化为国际标准，为全球污水资源化利用事业的发展贡献中国经验和中国智慧。

如图 5-1 所示，我国水回用标准体系分为两个层次：第一层次为标准分体系，主要从标准类别和专业领域角度将水回用标准划分为基础通用类、水回用方式类、水回用技术（材料、工艺、系统）类、水回用运营管理类及水回用监督管理类 5 个分体系；第二层次为标准子体系，是标准分体系的细化，包括 18 个子体系。

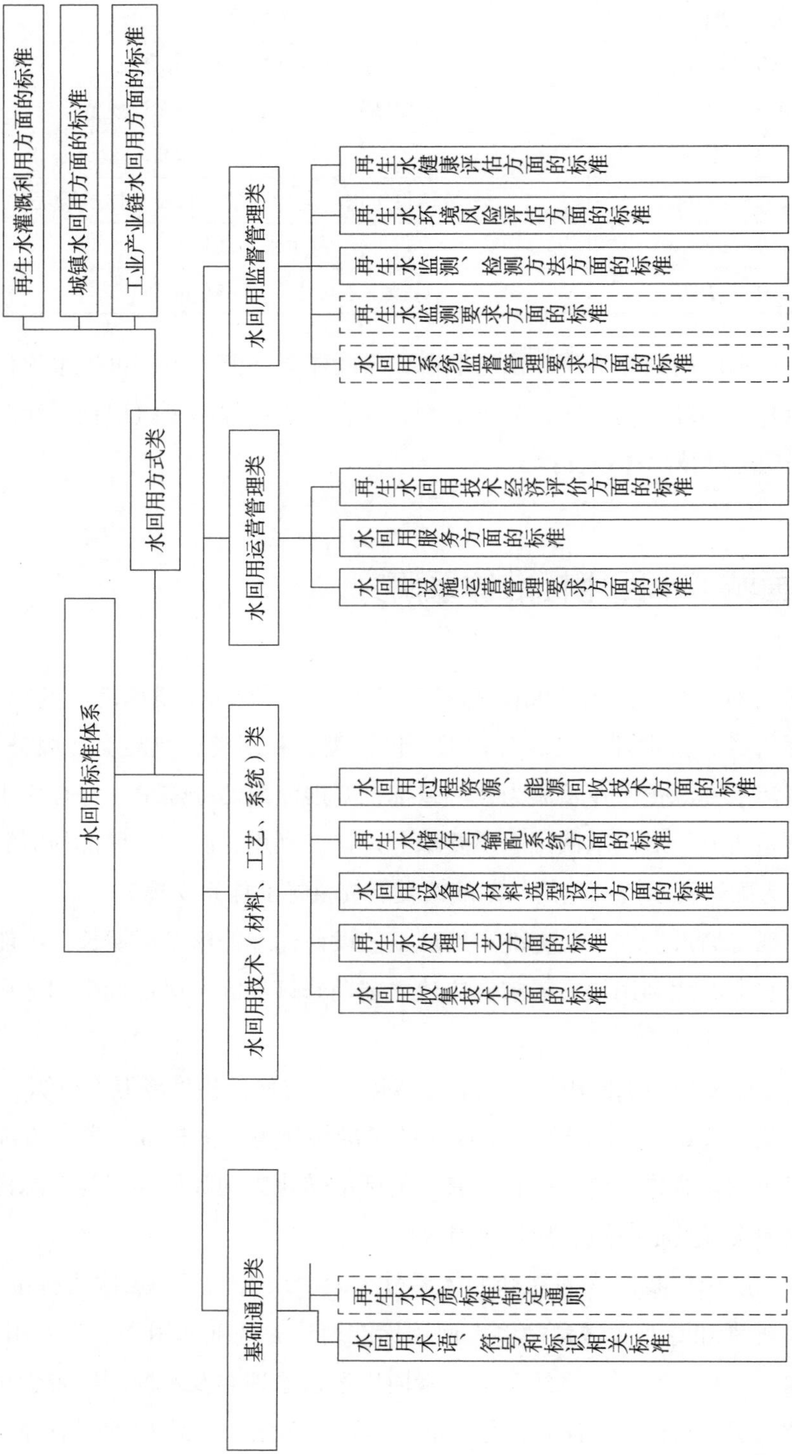

- 水回用标准体系
  - 水回用方式类
    - 再生水灌溉利用方面的标准
    - 城镇水回用方面的标准
    - 工业产业链水回用方面的标准
  - 基础通用类
    - 水回用术语、符号和标识相关标准
    - 再生水水质标准制定通则
  - 水回用技术（材料、工艺、系统）类
    - 水回用收集技术方面的标准
    - 再生水处理工艺方面的标准
    - 水回用设备及材料选型设计方面的标准
    - 再生水储存与输配系统方面的标准
    - 水回用过程资源、能源回收技术方面的标准
  - 水回用运营管理类
    - 水回用设施运营管理要求方面的标准
    - 水回用服务方面的标准
    - 再生水回用技术经济评价方面的标准
  - 水回用监督管理类
    - 水回用系统监督管理要求方面的标准
    - 再生水监测要求方面的标准
    - 再生水监测、检测方法方面的标准
    - 再生水环境风险评估方面的标准
    - 再生水健康评估方面的标准

图 5-1　我国水回用标准体系框架

基础通用类标准分体系是从水回用整体高度出发，将水回用各领域具有指导意义的基础类和通用类标准单独构成一个类别，主要包括：水回用术语、符号和标识相关标准及再生水水质标准制定通则，共计 2 个标准子体系。

水回用方式类标准分体系针对不同领域用水需求进行划分，主要包括：再生水灌溉利用方面的标准、城镇水回用方面的标准和工业产业链水回用方面的标准，共计 3 个标准子体系。

水回用技术（材料、工艺、系统）类标准分体系涉及水回用设备产品的研发、生产和质量认证所需的工艺类和产品类技术标准，主要包括：水回用收集技术方面的标准，再生水处理工艺方面的标准，水回用设备及材料选型设计方面的标准，再生水储存与输配系统方面的标准及水回用过程资源、能源回收技术方面的标准，共计 5 个标准子体系。

水回用运营管理类标准分体系主要包括：水回用设施运营管理要求方面的标准、水回用服务方面的标准和再生水回用技术经济评价方面的标准，共计 3 个标准子体系。

水回用监督管理类标准分体系主要包括：水回用系统监督管理要求方面的标准，再生水监测要求方面的标准，再生水监测、检测方法方面的标准，再生水环境风险评估方面的标准及再生水健康评估方面的标准，共计 5 个标准子体系。

具体而言，在我国城镇水回用标准体系框架（见图 5-2）中：

基础类标准主要包括术语、统计、计量等方面相关标准。

管理类标准主要包括水质标准类和再生水厂生产再生水及其健康风险的管理标准，制定针对再生水不同利用途径的城市污水再生利用系列国家标准，明确了再生水不同利用途径的水质目标。针对集中式水回用系统、分散式水回用系统和再生水厂水质管理等方面制定管理标准，提出管理制度、管理目标和管理方法。

设计类标准主要包括回用系统、输配存储和反渗透等方面相关标准。针对集中式水回用系统、分散式水回用系统、生态水质净化回用系统、再生水输配系统、再生水储存系统、反渗透系统等方面研究制定相关标准，指导再生水系统的规划和设计。

应用类标准主要包括再生水利用标准、产品标准和服务标准。针对再生水效益评价和非饮用途径、补给饮用水水源等方面制定相关标准，以提高再生水利用效益，促进再生水资源的合理、高效开发与利用。针对处理设备、材料、药剂、资格认证和服务等方面研制标准，尤其是洗车、制冰造雪等应用场景的标准，以提升产品质量和服务。

评价类标准主要包括水质评价标准和技术评价标准。再生水利用应遵循“分质利用、安全经济”的原则，“依用定质”与“依质定用”相结合，开展再生水分级与标识、再生水水质安全性评价，研制包括健康安全、生态安全、生产安全和心理安全等方面的标准。另外，还应针对生物处理技术（如生物滤池、湿地处理等）、物理处理技术（如混凝处理、双膜法处理、紫外消毒等）、化学处理技术（如臭氧氧化、离子交换、高级氧化等）等方面研制标准，提出评价方法、评价指标和技术改进途径。

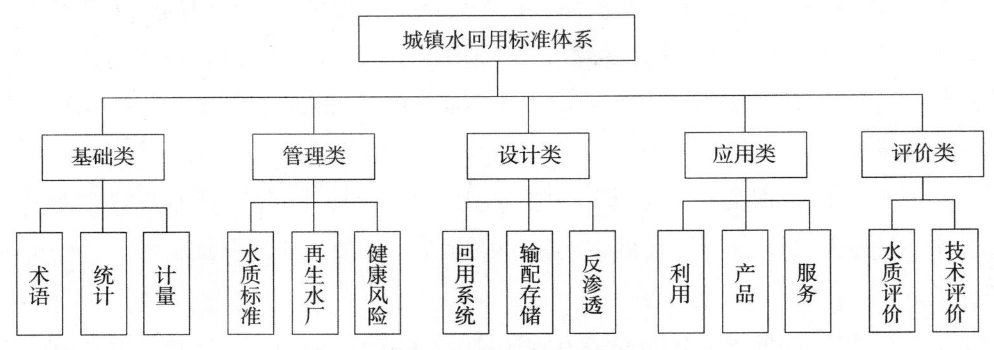

图 5-2　我国城镇水回用标准体系框架

5.3　水回用标准关键技术研究

水回用系统的结构较复杂，包括水源、处理、管网、终端利用等环节。再生水水源主要是在生产与生活中排放的污水，包括生活污水、工业废水、农业污水、被污染的雨水等。污水经过再生处理系统，成为达到一定水质要求的再生水，继而通过储存、输配等系统（即再生水管网）配送到用户。

因此，污水处理是以达标排放为目的，对污水进行处理的过程。污水再生处理是以生产再生水为目的，对污水进行净化的过程。再生水处理是以生产再生水为目的，对达到排放标准的污水厂出水进一步净化的过程。污水再生利用是以污水或达到排放标准的污水为水源，生产、输配和使用再生水的行为。再生水利用是将再生水用于生产、生活、环境等的行为。污水再生利用率是指再生水利用量占污水处理总量的比率，可按式（5-1）计算：

$$\text{污水再生利用率}=\frac{\text{再生水利用量}}{\text{污水处理总量}}\times 100\% \quad (5\text{-}1)$$

水回用处理系统包括（但不限于）一级处理、一级强化处理、二级处理、二级强化处理、三级处理（深度处理）和四级处理（高标准处理）等，但通常指二级处理之后的深度处理。污水一级处理（一级强化处理）和二级处理（二级强化处理）是污水再生处理的基础，三级处理（深度处理）和四级处理（高标准处理）是再生水处理的主体单元。

一级处理是指去除污水中漂浮物和悬浮物的过程，主要为格栅截留和重力沉降。一级强化处理是指在常规一级处理的基础上，增加化学混凝处理、机械过滤或不完全生物处理等，以提高一级处理效果的过程。

二级处理和二级强化处理是指在一级处理的基础上，用生物处理等方法进一步去除污水中胶体、溶解性有机物和氮、磷等污染物的过程。

三级处理（深度处理）是指在二级处理的基础上，进一步去除污水中污染物的过程。三级处理常用的技术包括混凝沉淀（澄清、气浮）、介质过滤、膜过滤（微滤、超滤）、生物滤池、臭氧氧化、消毒及湿地等。

四级处理（高标准处理）是指在三级处理的基础上，进一步强化无机离子、微量有毒有害污染物和一般溶解性有机污染物去除的水质净化过程。四级处理常用的技术包括高级氧化、纳滤、反渗透、离子交换和活性炭吸附等。

5.3.1　水回用处理技术与工艺评价方法

水回用处理技术与工艺评价，应遵循“指标全面、数据可靠、计算规范、结论客观”的原则，充分考虑现有的和未来可能实施的再生水回用理念、发展模式和技术创新，并结合再生水利用情况和经济社会发展状况，确定再生水处理技术与工艺的边界条件和应用场景。兼顾再生水利用途径和水质要求，基于再生水利用产品属性、稳定可靠性、经济收益性等特征，从技术、经济、环境和可靠性等方面，提出评价指标体系、方法和程序。

构建科学、合理的评价方法是实现水回用处理技术与工艺可持续性评价的重要保障。目前，关于污水处理工艺和污水处理厂的评价方法有很多，涉及的方法有主观评价也有客观评价，有定性评价也有定量评价，有单因素评价也有多因素评价，有局部评价也有整体评价。层次分析法是典型的主观评价方法，为了降低评价过程的主观性，层次分析方法经常和其他方法联合使用，如模糊综合评价法、优劣解距离法、灰色关联分析法等。数据包络（DEA）方法在评价过程中无需任何权重假设，具有很强的客观性，该方法受到越来越多的青睐，被广泛应用于各个评价领域。但是因为DEA方法对评价对象的数量有一定的要求，所以不宜应用于决策单元较少的情况。在水回用处理技术与工艺评价过程中，往往需要综合使用定性评价方法和定量评价方法。

评价指标的选取应遵循“科学性、全面性、独立性、可比性”的原则。评价指标分定量评价和定性评价两类，各类指标应定义明确、内涵清晰。定量评价指标主要采用数据量化的方式进行评价，应充分考虑所需数据的可获取性和可靠性。定性评价指标主要采用描述性或相对比较的方式进行评价；评价应符合客观事实、用词准确、具有可考核性和可比较性。评价指标通常由一级指标和二级指标组成，也可根据评价需要设立其他二级指标、三级指标或更多级指标。一级指标为分类指标，应包括技术指标、经济指标、环境影响指标和工艺可靠性指标。二级指标用于定量或定性比较。

技术指标反映污水再生处理技术与工艺在技术性能、技术先进性等技术方面的特征，主要包括出水水质、污染物去除率、容积负荷、污染物去除负荷、污泥产生量等二级指标。技术性能评价有时也会涉及定性指标，如处理系统的简易性等，而污染物去除率等指标则属于定量指标。经济指标反映污水再生处理技术与工艺在投资成本、运行成本、综合成本等经济方面的特征，主要包括单位水量建设费用、电耗和电耗费用、药耗和药耗费用、水耗和水耗费用、人工和人工费用等二级指标。环境指标反映污水再生处理技术与工艺对环境的正面和负面的影响等环境方面的特征，主要包括臭气产生量、温室气体释放量等二级指标。可靠性指标反映污水再生处理技术与工艺在高效稳定、运行管理等可靠性方面的特征，主要包括波动率、达标率、冗余度、鲁棒性、弹韧性等二级指标。水回用处理技术与工艺评价如果涉及社会指标与管理指标，只能进行定性评价。目前，还没有关于社会指标与管理指标定量评价的体系。

水回用处理技术与工艺评价涉及的指标往往较多，在对主要指标赋值权重的情况下，可以将多个指标整合成一个综合指标，通过比较综合指标的大小达到综合评价的目的，属于多因素评价方法。为了比较不同评价对象某个具体指标的大小情况，往往采用雷达图方式进行对比评价，属于单因素评价方法。目前，关于水回用处理技术与工艺，主要从局部或整体两个角度出发进行评价。局部角度包括单一的二级处理工艺评价、单一的深度处理工艺评价或单一的污泥处理工艺评价。整体角度则是将整个水回用处理技术与工艺流程作为评价对象。将局部和整体结合起来进行评价，不仅有助于了解局部与整体在某一具体评价指标方面的区别，还有利于识别不同水回用处理技术与工艺在整个水回用系统全流程所起的作用。

5.3.1.1　技术评价

目前，关于水回用处理技术与工艺技术评价没有统一的界定，技术评价往往综合使用定量评价方法和定性评价方法。技术指标主要包括出水水质、污染物去除率、单位容积去除负荷、单位占地面积去除负荷、污泥产生量等二级指标。

随着环保理念的发展，水回用处理技术与工艺技术评价逐渐由单一指标评价向多目标综合评价转变。国内外有些研究采用概率统计法对污水处理厂进出水水质进行评价。其中，近年技术性能统计分析方法（TPS）被应用于污水处理厂技术评价。由于污水处理厂污染物种类繁多，污染物排放费用计算方法（DPF）作为归一化处理方法，也被应用于污水处理厂经济成本和环境成本的计算。应用 DPF 于技术性能评价，能简化污染物数据种类多带来的不便。此外，目前很多研究集中在利用数学理论并结合赋权方法建立综合评价模型，对污水处理厂的技术性能进行综合评价。例如，TPS 采用概率统计法对污水处理厂进出水水量及各污染物指标进行统计分析，统计指标包括最小值、最大值、算术平均值、标准偏差、变异系数（COV）、TPS-3.84%、TPS-50%、TPS-95%、TPS-3.84%/50% 和 TPS-95%/50%。其中，TPS-3.84%、TPS-50% 和 TPS-95% 分别代表 14 天、中间水平和 95% 保证率条件下的指标浓度，COV、TPS-3.84%/50% 和 TPS-95%/50% 变化范围具有一致性，可用于评价出水水质及其稳定性。

（1）出水水质

水回用处理过程去除的污染物种类繁多，评价指标体系复杂。以往的研究和污水处理厂实际运行大多仅考虑出水达标情况，常规指标主要包括 pH、BOD、COD、总悬浮固体（TSS）、浊度、余氯、营养物质浓度、电导率、病原指示微生物浓度等。特定指标应根据用户要求或水质安全性保障需求进行选择，如特征化学污染物、特定病原微生物、化学稳定性、生物稳定性、生物毒性、有毒有害副产物等。需根据再生水的用途和用户要求，选择相应的水质指标，包括相关水质标准中规定的指标和其他需要关注的特定指标。

（2）污染物去除率

去除污染物的百分率，按式（5-2）计算：

$$\mathrm{RE}_j=\frac{c_{\mathrm{i},j}-c_{\mathrm{e},j}}{c_{\mathrm{i},j}}\times 100\% \tag{5-2}$$

式中：RE_j——污染物 j 的去除率；

$c_{\mathrm{i},j}$——污染物 j 的进水浓度，$\mathrm{kg/m^3}$；

$c_{e,j}$——污染物 j 的出水浓度，kg/m^3。

（3）单位容积去除负荷

单位容积单位时间内去除污染物的量，按式（5-3）计算：

$$\mathrm{RLV}_j=\frac{Q\times\left(c_{i,j}-c_{e,j}\right)}{V} \tag{5-3}$$

式中：RLV_j——污染物 j 的单位容积去除负荷，kg/（m^3 · d）；

Q——处理水量，m^3/d；

V——有效容积，m^3；

$c_{i,j}$——污染物 j 的进水浓度，kg/m^3；

$c_{e,j}$——污染物 j 的出水浓度，kg/m^3。

（4）单位占地面积去除负荷

单位占地面积单位时间去除污染物的量，按式（5-4）计算：

$$\mathrm{RLA}_j=\frac{Q\times\left(c_{i,j}-c_{e,j}\right)}{S} \tag{5-4}$$

式中：RLA_j——污染物 j 的单位面积去除负荷，kg/（m^2 · d）；

Q——评价周期内平均日处理水量，m^3/d；

S——处理单元的占地面积，m^2；

$c_{i,j}$——污染物 j 的进水浓度，kg/m^3；

$c_{e,j}$——污染物 j 的出水浓度，kg/m^3。

（5）污泥产生量

处理单位水量或去除单位质量污染物所产生的污泥量，按式（5-5）、式（5-6）计算：

$$\mathrm{SW}=\frac{\mathrm{TSW}}{Q\times t_p} \tag{5-5}$$

$$\mathrm{SW}_j=\frac{\mathrm{TSW}}{Q\times\left(c_{i,j}-c_{e,j}\right)\times t_p} \tag{5-6}$$

式中：SW——评价周期内处理单位水量所产生的干污泥量，kg/m^3；

TSW——评价周期内所产生的干污泥总量，kg；

Q——评价周期内平均日处理水量，m^3/d；

t_p——评价周期，d；

SW_j——去除单位质量污染物 j 所产生的污泥量，kg/kg；

$c_{i,j}$——污染物 j 的进水浓度，kg/m^3；

$c_{e,j}$——污染物 j 的出水浓度，kg/m^3。

5.3.1.2　经济评价

水回用处理技术与工艺经济评价往往因处理工艺的不同、数据收集难易程度的不同或评价对象的不同而存在一定的差异，但是总体包括投资成本、运行成本和综合成本。投资成本和运行成本可以细分成其他成本，但是不同学者对投资成本和运行成本细分的方式存在差异。某研究对传统活性污泥工艺（CAS）、A2O（厌氧－缺氧－好氧）工艺和改良后的脱氮工艺进行了环境影响评价和经济评价，在经济评价方面，主要考虑了电耗成本、药耗成本、污泥运输成本、干化污泥的最终处置成本，以及沼气燃烧产生的收益。另一项研究在对处理造纸废水的污水处理厂进行经济评价的过程中，所考虑的经济成本包括投资成本和运行成本。投资成本由建设成本、机械设备成本、占地成本和其他费用构成，其他费用包括电气化成本、运输成本、工程项目成本和咨询费用。运行成本包括电耗成本、药耗成本、污泥处置成本和污泥运输成本，而员工工资没有考虑在内。某研究对深圳市 22 座污水处理厂的能耗情况和经济成本进行了评价，其中，经济成本主要包括污泥处置成本、维护成本、药耗成本、管理成本、投资成本、劳动力成本和电耗成本。某研究对西班牙 24 座共 6 类污水处理厂的环境影响和经济成本进行了评价，经济成本主要考虑运行成本，包括能耗成本、员工工资和其他。经济成本主要考虑运行成本的原因是运行成本与污水处理厂整体运行有紧密的联系。此外，有学者对污水处理过程中的碳减排和可持续发展之间的关系进行了探讨，其中经济指标主要为运行成本，包括了污泥处置成本、碳源投加费用和能耗成本。在污水处理厂投资成本、运行成本和维护成本数据无法统计获取时，可以采用成本函数等方法进行估算。

综上，经济指标需反映水回用处理技术与工艺在投资成本、运行成本、综合成本等经济方面的特征，主要包括单位水量建设费用、电耗和电耗费用、药耗和药耗费用、水耗和水耗费用、人工和人工费用等二级指标。

（1）单位水量建设费用

为完成再生水处理工程的建设，折合成单位水量的费用，按式（5-7）计算：

$$\mathrm{CC}=\frac{\mathrm{TC}}{Q_{\mathrm{d}}} \tag{5-7}$$

式中：CC——处理每立方米水所需建设费用，元 /（m^3·d）；

TC——总建设费用，元；

Q_d——设计处理水量，m^3/d。

（2）电耗和电耗费用

处理单位水量或去除单位质量污染物所需电耗或电耗费用，按式（5-8）～式（5-11）计算：

$$EQ = \frac{TEQ}{Q \times t_p} \tag{5-8}$$

$$EC = \frac{a \times TEQ}{Q \times t_p} \tag{5-9}$$

$$EQ_j = \frac{EQ}{RLV_j \times t_p} \tag{5-10}$$

$$EC_j = \frac{a \times EQ}{RLV_j \times t_p} \tag{5-11}$$

式中：EQ——处理每立方米水所需电耗，$kW \cdot h/m^3$；

TEQ——评价周期内的总电耗，$kW \cdot h$；

Q——评价周期内平均日处理水量，m^3/d；

t_p——评价周期，d；

EC——处理每立方米水所需电耗费用，元/m^3；

a——电价，元/（$kW \cdot h$）；

EQ_j——去除单位质量污染物j所需电耗，$kW \cdot h/kg$；

RLV_j——污染物j的单位容积去除负荷，kg/（$m^3 \cdot d$）；

EC_j——去除单位质量污染物j所需电耗费用，元/kg。

（3）药耗和药耗费用

处理单位水量或去除单位质量污染物药剂投加所需药耗或药耗费用，包括混凝剂、反硝化外加碳源和污泥处理处置所投化学物质等的药耗，按式（5-12）～式（5-15）计算：

$$RQ = \frac{TRQ}{Q \times t_p} \tag{5-12}$$

$$RC = \frac{TRC}{Q \times t_p} \tag{5-13}$$

$$\mathrm{RQ}_j=\frac{\mathrm{TRQ}}{\mathrm{RLA}_j\times t_\mathrm{p}} \tag{5-14}$$

$$\mathrm{RC}_j=\frac{\mathrm{TRC}}{\mathrm{RLA}_j\times t_\mathrm{p}} \tag{5-15}$$

式中：RQ——处理每立方米水所需药耗，$\mathrm{kg/m^3}$；

TRQ——评价周期内的总药耗，kg；

Q——评价周期内平均日处理水量，$\mathrm{m^3/d}$；

t_p——评价周期，d；

RC——处理每立方米水所需药剂投加费用，元 /$\mathrm{m^3}$；

TRC——评价周期内的药耗总费用，元；

RQ_j——去除单位占地面积单位质量污染物 j 所需药耗，kg/（$\mathrm{m^2}$·kg）；

RLA_j——污染物 j 的单位面积去除负荷，kg/（$\mathrm{m^2}$·d）；

RC_j——去除单位占地面积单位质量污染物 j 所需药耗费用，元 /（$\mathrm{m^2}$·kg）。

（4）水耗和水耗费用

处理单位水量所需水耗（包括自来水消耗量和再生水消耗量）或水耗费用，按式（5-16）、式（5-17）计算：

$$\mathrm{WQ}=\frac{Q_\mathrm{d}+Q_\mathrm{r}}{Q} \tag{5-16}$$

$$\mathrm{WC}=\frac{\mathrm{TWC}}{Q\times t_\mathrm{p}} \tag{5-17}$$

式中：WQ——处理每立方米水所消耗的水量，$\mathrm{m^3/m^3}$；

Q_d——自来水消耗量，$\mathrm{m^3/d}$；

Q_r——再生水消耗量，$\mathrm{m^3/d}$；

Q——评价周期内平均日处理水量，$\mathrm{m^3/d}$；

WC——处理每立方米水所需水耗费用，元 /$\mathrm{m^3}$；

TWC——评价周期内的水耗总费用，元；

t_p——评价周期，d。

（5）人工和人工费用

处理单位水量所需人工或人工费用，按式（5-18）、式（5-19）计算：

$$\mathrm{LQ}=\frac{\mathrm{TLQ}}{Q\times t_\mathrm{p}} \tag{5-18}$$

$$LC = \frac{TLC}{Q \times t_p} \tag{5-19}$$

式中：LQ——处理每立方米水所需人工，人 · d/m^3；

TLQ——评价周期内的总人工消耗量，人 · d；

Q——评价周期内平均日处理水量，m^3/d；

t_p——评价周期，d；

LC——处理每立方水所需人工费用，元 /m^3；

TLC——评价周期内支付运行维护人员的工资总额，元。

5.3.1.3 环境影响评价

再生水厂作为水质净化的重要载体，在解决水质污染的同时也会产生相应的环境副产物。以往，污水处理厂的主要目标是达到出水排放标准以保护受纳水体。近年来，水回用处理工艺所带来的环境问题受到越来越多的关注。LCA 作为有效的环境规划、环境管理、节能减排等评价工具，被广泛应用于污水处理厂和再生水厂的环境影响评价，但在应用过程中也存在一定的局限性，具体体现在以下方面：

（1）应用范围限制

传统的 LCA 主要关注系统对环境的影响，而不涉及经济、社会评价。从可持续发展观点来看，环境问题和经济、社会问题分割将限制 LCA 作为决策支持工具的使用。

（2）数据获取限制

生命周期清单包括大量清单数据，而数据的获取有时会受到限制，大多是通过借鉴全国平均值，或参考其他文献等方式获取数值。由此可能导致结果与实际出现较大偏差。

（3）系统边界选择的主观性

定义生命周期边界时，很难考虑真正意义上的生命周期全过程，其边界具有不完整、不统一的特征。

（4）影响评价方法的局限性

目前，国际上关于影响评价方法多达 20 多种，每种评价方法所涉及的影响类型、标准化值、权重等都存在一定的差异。采用不同影响评价方法，往往会得到不同甚至相反的结论。生命周期影响评价方法主要分为两大类，分别是中间点法和终结点法，二者最大的差异是考虑的环境影响类型指标不同。目前，污水处理厂和再生水厂的药物和个人护理用品、内分泌干扰物等新兴污染物，以及污水污泥中重金属的生态风险越来越受到关注，而现有的 LCA 方法较少涉及新兴污染物以及污泥重金属相关的评价内容，这也导致 LCA 方法存在一定的局限性。

综上，环境指标反映水回用处理技术与工艺对环境产生的正面和负面的影响等环境方面的特征，为提高环境影响评价的可操作性和适用性，评价指标主要包括臭气产生量、温室气体释放量等二级指标。

（1）臭气产生量

处理单位水量或去除单位质量污染物所产生的臭气物质的量，按式（5-20）、式（5-21）计算：

$$\mathrm{OW}=\frac{\mathrm{TOW}}{Q\times t_{\mathrm{p}}} \tag{5-20}$$

$$\mathrm{OW}_j=\frac{\mathrm{TOW}}{Q\times(c_{\mathrm{i},j}-c_{\mathrm{e},j})\times t_{\mathrm{p}}} \tag{5-21}$$

式中：OW——评价周期内处理单位水量所产生的臭气物质的量，$\mathrm{kg/m^3}$；

TOW——评价周期内所产生的臭气物质的量，kg；

Q——评价周期内平均日处理水量，$\mathrm{m^3/d}$；

t_{p}——评价周期，d；

OW_j——去除单位质量污染物 j 所产生的臭气物质的量，kg/kg；

$c_{\mathrm{i},j}$——污染物 j 的进水浓度，$\mathrm{kg/m^3}$；

$c_{\mathrm{e},j}$——污染物 j 的出水浓度，$\mathrm{kg/m^3}$。

（2）温室气体释放量

处理单位水量或去除单位质量污染物所释放的温室气体量，按式（5-22）、式（5-23）计算：

$$\mathrm{GW}=\frac{\sum_1^i K_i\times\mathrm{TGW}}{Q\times t_{\mathrm{p}}} \tag{5-22}$$

$$\mathrm{GW}_j=\frac{\sum_1^i K_i\times\mathrm{TGW}}{V\times\mathrm{RLV}_j\times t_{\mathrm{p}}} \tag{5-23}$$

式中：GW——处理单位水量所释放的温室气体当量，$\mathrm{kg\text{-}CO_2/m^3}$；

K_i——第 i 种非 CO_2 温室气体的折算当量系数（见表 5-2），可参考《节能低碳技术推广管理暂行办法》（发改环资〔2014〕19号）和《IPCC 2006年国家温室气体清单指南》；

TGW——第 i 种温室气体的总量，kg；

Q——处理水量，m^3/d；

t_p——评价周期，d；

GW_j——去除单位质量污染物 j 所释放的温室气体当量，kg-CO_2/kg；

V——有效容积，m^3；

RLV_j——污染物 j 的单位容积去除负荷，kg/（m^3·d）。

表 5-2 典型非 CO_2 温室气体的折算当量系数

温室气体	折算当量系数
CH_4	21
N_2O	310
SF_6	23900
HFCs：	
HFC-23	11700
HFC-32	650
HFC-125	2800
HFC-134a	1300
HFC-143a	3800
HFC-152a	140
HFC-227ea	2900
HFC-236fa	6300
PFCs：	
CF_4	6500
C_2F_6	9200

数据来源：《节能低碳技术推广管理暂行办法》（发改环资〔2014〕19号）。

污水处理厂和再生水厂温室气体核算方法主要分为现场实测法和模型核算法。现场实测法包括气态和溶解态温室气体的监测，对现场样品收集有较高的要求。模型核算法主要包括三种：第一种是经验模型法，这类模型由于基于大量的假设，具有较大的不确定性和可变性；第二种是基于过程的简易综合数学模型法；第三种是动态机理模型法。关于污水处理厂和再生水厂温室气体核算并没有统一规范化的方法。相比另外两种核算模型，采用动态机理模型法核算温室气体具有更高的精确度和适用性，但缺点是模型的实现过程较为复杂，并且需要足够的数据支撑和较高的计算能力。目前，关于温室气体的很多研究都是基于虚拟污水处理厂和再生水厂进行核算，动态机理模型法应用于实际再生水厂仍受局限。

5.3.1.4　可靠性评价

我国现有的污水再生利用标准及规范主要针对工程施工及应用，对于技术参数的确定方法和工艺指标的选择依据缺乏科学系统的分析。例如，现有标准中对氨氮、有机物、大肠菌群数、浊度、色度等水质指标的要求较低，但从实际监测结果来看，再生水输配管网中这些指标浓度较高且水质波动较大。同时，对于具体处理技术单元，往往没有给出与水源水质、出水水质等之间的关系，尚未从系统的角度，综合水源、处理、储存、输配、监测等关键环节，提出再生水系统评价和质量管理要求，在实际处理过程中难以应对多样化的进水水质以及水量的变化，给再生水水质安全保障带来了困难。美国科学研究委员会报告——《城市污水提高城市供水能力》中指出，在水质保障策略能够保障处理系统的可靠性的前提下，现有的城市污水再生处理工艺能够提供与目前许多成功运行的供水系统同等的污染物风险控制水平。保障再生水系统的安全性、高效性和经济性，从整体上提高和保障系统的可靠性，对于推广再生水利用具有重要意义。

可靠性是一个跨学科的综合性词汇，涉及多方面的复杂问题。在城市供水领域，有关提高供水可靠性的问题虽然从 20 世纪 70 年代就已提出，但由于不同自来水厂的自动控制水平、水源水质、处理单元等各不相同，尚未形成统一认可的可靠性分析手段和方法，在供水行业中应用可靠性工程技术还处于理论探索阶段。根据 SCOPUS（目前世界最大的文摘和引文数据库）搜索，标题为“可靠性”的文献数量高达 72 万篇，然而与“再生水可靠性”有关的文献数量十分有限：标题中含有“再生水可靠性”的文献仅有 4 篇，内容与再生水可靠性相关的文献不足 300 篇。由此可见，针对再生水系统可靠性的研究明显不足。

再生水领域缺乏对可靠性统一的认识和定义会造成相关数据收集和整合困难、统筹协调不足、再生水系统风险管理和过程控制程度不高、评价方法不统一等问题。供水领域的可靠性通常定义为饮用水及时可达、具备一定的水质水量，且满足相应的用户端要求。相比而言，再生水源一般为城市污水，数量稳定可靠，基本不受季节、雨旱季、洪水枯水等气候影响。因此，再生水系统的核心目标是保障水质安全稳定和系统可靠高效运行。

再生水系统可靠性通常理解为系统出水水质可以稳定达到或超过现有水回用标

准或处理目标的时间百分比。可靠性指标主要包括水质波动率、水质达标率、冗余度、鲁棒性和弹韧性。

（1）水质波动率

在评价周期内，出水水质偏离平均值的波动幅度，按式（5-24）、式（5-25）计算：

$$\mathrm{VD}_j=\frac{c_{\mathrm{STD},j}}{c_{\mathrm{AVE},j}}\times 100\% \tag{5-24}$$

$$c_{\mathrm{STD},j}=\sqrt{\frac{1}{n}\sum_{i=1}^{n}\left(c_{\mathrm{e},j}-c_{\mathrm{AVE},j}\right)^2} \tag{5-25}$$

式中：VD_j——出水中污染物 j 的水质波动幅度；

$c_{\mathrm{STD},j}$——评价周期内出水污染物 j 指标的标准偏差，$\mathrm{kg/m^3}$；

$c_{\mathrm{AVE},j}$——评价周期内出水污染物 j 指标的算术平均值，$\mathrm{kg/m^3}$。

（2）水质达标率

在评价周期内，出水水质达到处理目标天数所占的比例，按式（5-26）计算：

$$\mathrm{DS}_j=\frac{\mathrm{TD}_j}{\mathrm{TD_O}}\times 100\% \tag{5-26}$$

式中：DS_j——达标率；

TD_j——评价周期内污染物 j 达到处理目标的天数；

$\mathrm{TD_O}$——评价周期内技术或工艺有效运行天数。

（3）冗余度

系统超出最低要求的水质保障能力配置。再生水处理能力的冗余是指系统需要具备超出最低水质安全保障要求的处理能力，以保证某一单元发生事故时，系统仍能够稳定持续地达到处理目标或性能指标。

提高冗余度的常见形式主要有增加处理系统中与其他单元并行的备用单元、使用更保守的处理方法（如增加额外的处理能力或额外的处理过程）、安装用于某些关键控制点监测任务（如消毒剂残留物）的备用设备等。增加并联或备用设备的目的主要是为了确保系统能够更加可靠地运行其设计能力，而其他形式的冗余设备（如提供额外处理和监测）旨在确保系统可以更加可靠地达到其处理目标。提高系统处理能力的冗余度，可以有效地保证系统能够适应或满足更高的处理目标和水质需求。

图 5-3 为两种不同的冗余度保障形式。方法 A 表示处理能力的冗余，即设定的

处理能力（7-log）超出了最低水质保障要求或去除目标（6-log），使系统具备了一定的预防故障的能力并确保故障对系统的干扰降到最低；方法 B 则表示监测能力的冗余，即通过额外的监测设施或手段等，提高系统预防故障的能力。

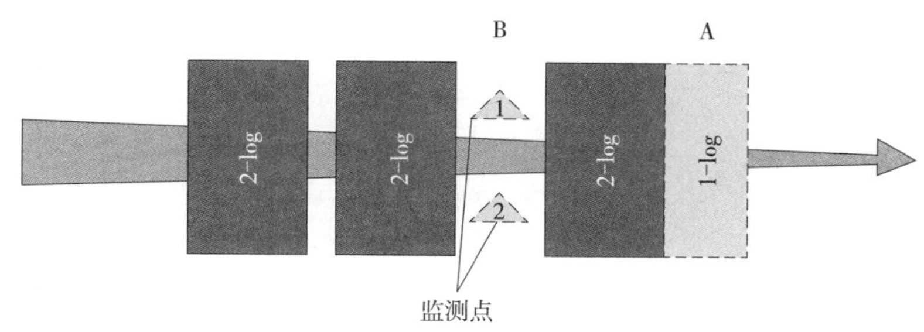

图 5-3　冗余度的不同形式

注：方法 A 虚线框表示处理能力的冗余；方法 B 表示监测能力的冗余。

（4）鲁棒性

再生水系统在某种扰动作用下，保持功能稳定的能力，即抗干扰能力。再生水进水水质复杂（存在多种化学污染物、病原微生物以及一些新兴或未知污染物）、在污水再生处理过程中存在某个或多个单元失效的可能性，同时系统还可能受到外界的冲击和干扰（如进水的冲击负荷等因素的影响）。可测定在负荷增加或减少的情况下，系统达到稳定态时所需的时间以及去除率、去除负荷、稳定性、达标率等指标。负荷增加或减少的幅度可根据评价目标进行设定。负荷增加或减少的情况应包括流量增减和浓度增减两种类型。

多重屏障安全保障的概念可有效提高系统的鲁棒性。多重屏障模式可通过设置不同屏障拦截或处理不同污染物，同时可确保在某一环节发生故障时，系统仍具备一定处理能力，避免系统失效，即降低了失效风险。

（5）弹韧性

再生水系统对突发事故的应对和功能恢复能力。提高弹韧性的常见形式主要有：对于某些可预见性的灾害（如洪水、地震等自然灾害等）宜开发预防性策略和措施，例如：在地震多发地区，可进行水处理设施和基础设施的抗震加固；在龙卷风易发地区，可设置备用隔离电源；建立故障迅速响应系统，如在停电期间对已处理和未处理的水自动进行分流。

根据再生水系统可靠性内涵，可进一步确定各维度评价指标和定性或定量评价方法。例如：冗余度评价指标可包括崩溃负荷（安全系数）、崩溃时间、传递度、备份度等；弹韧性评价指标可包括处理单元故障率、严重程度、修复时间、灵敏度、精确度、安全防范措施、管理水平等。对于鲁棒性的评价，则可以通过选取特征污染物（如指示病原微生物、消毒副产物等）的方式，考察其在再生水系统中的特性和变化规律。综合各维度定性或定量评价结果，结合主观赋权法（德尔菲法、层次分析法等）或客观赋权法（熵权法、CRITIC 法等）确定各维度权重，可利用多准则分析模型计算得到再生水系统可靠性综合评价结果。

5.3.2 再生水分级评价方法

5.3.2.1 再生水分级方法

当前，再生水厂一厂多用的情况十分普遍，仅利用再生水用途的水质标准，难以评价和管理相关再生水厂。再生水级别缺少判断依据，规划和监管时易混淆，不利于分类施策、分质用水。再生水级别不清，不利于“再生水供应企业和用户按照优质优价的原则自主协商定价”，无法形成“优质获得优价、优价促进优质”的良性循环。同时，也不利于公众信任度提升。对再生水水质进行分级是国际上普遍做法。国际标准化组织、欧盟、澳大利亚等也颁布了相关的再生水分级标准。

ISO 20469《水回用水质分级》根据再生水的潜在暴露量和暴露途径，将再生水分为高、中和低三个等级，规定了相应再生水等级的应用案例和再生水处理应满足的基本处理要求，见表 5-3。高等级的再生水可用于冲厕、洗车、消防等人体非限制性接触用途。

表 5-3　ISO 20469 对再生水非饮用用途的水质分级

等级	暴露程度	应用示例	基本处理要求示例
高	直接身体接触： • 公众接触； • 儿童接触； • 可能被意外摄入和吸入	• 娱乐活动； • 设备及车辆清洗； • 城市环境的粉尘抑制； • 下游不作为饮用水的河流补充水； • 公共厕所和便池冲洗； • 消防供水； • 操场灌溉； • 非限制的城市灌溉； • 生食作物的农业灌溉； • 公众进入不受限的公园和高尔夫球场地面灌溉	采用过滤和消毒的二级处理

表 5-3（续）

等级	暴露程度	应用示例	基本处理要求示例
中	偶然身体接触（不建议身体直接接触）	• 景观水景； • 景观蓄水； • 工业用水； • 制造过程用水； • 电力设施及建筑物冷却水； • 对公众进入受限的花园进行灌溉； • 限制性城市灌溉； • 加工食品作物的农业灌溉； • 除蔬菜（果园、葡萄园）和园艺外的粮食作物灌溉； • 公众进入受限的公园和高尔夫球场地面灌溉； • 非粮食作物的农业灌溉	二级处理和消毒
低	禁止身体接触	• 种子作物的灌溉； • 农业饲料作物灌溉； • 工业和能源作物的灌溉； • 没有公众接触的景观灌溉	二级处理； 采用混凝、絮凝的高速率澄清或稳定塘

欧盟再生水农业灌溉分级方法针对再生水农业利用，根据再生水水质和主要污染物指标控制目标，将再生水分为 A、B、C 和 D 四个等级，规定了相应再生水等级应控制的指标及限值、再生水处理应满足基本处理要求以及适用的灌溉方法，见表 5-4 和表 5-5。

表 5-4　欧盟标准中建议的再生水水质类别

水质等级	作物类别	灌溉方法	处理工艺说明
A	生食的块根作物；粮食作物，可食用部分与再生水直接接触；其他粮食作物	所有方法	二级、三级和深度处理
B	生食作物，可食用部分生长在地表之上且不与再生水直接接触；加工食品作物；非粮食作物，包括饲养产奶或产肉动物的作物	所有方法	二级和三级处理
C		只有滴灌	
D	工业，能源和种子作物	所有方法	

表 5-5 欧盟标准中建议的再生水水质要求

水质等级	水质要求				
	大肠杆菌 CFU/100mL	BOD_5 mg/L	TSS mg/L	浊度 NTU	其他
A	≤10	≤10	≤10	≤5	军团菌：<1000cfu/L 温室中存在气溶胶的风险； 肠道线虫（蠕虫卵）：≤1 个 /L 用于牧场或草料灌溉
B	≤100	25mg/L O_2	35mg/L O_2	—	
C	≤1000			—	
D	≤10000			—	

澳大利亚维多利亚州再生水分级方法根据再生水水质和主要污染物指标控制目标，将再生水分为 A、B、C 和 D 四个等级，规定了相应再生水等级应控制的指标及限值、再生水处理应满足的基本处理要求，见表 5-6。其中，A 等级的再生水可用于冲厕、洗衣、浇花、景观环境、消防、工业等多种利用途径。

表 5-6 再生水分类方法及相应的处理工艺

等级	水质目标 （中位数，除非另有说明）	处理工艺	用途范围 （用途包含所有更低级别的用途）
A	指示性指标： • <10 大肠杆菌 /100mL； • 浊度<2NTU； • <10mg/L/5mg/L BOD/SS； • pH 6～9； • 1mg/L 余氯（或同等消毒）	二级处理和减少病原微生物，以实现： <10 大肠杆菌 /100mL； <1 寄生虫 /L； <1 原生动物 /50L； <1 病毒 /50L	城市（非饮用）：公众接触不受限； 农业：例如可生食作物； 工业：工人可能接触的开放系统
B	• <100 大肠杆菌 /100mL； • pH 6～9； • <20mg/L/30mg/L BOD/SS	二级处理和减少病原微生物（包括为了放牧而减少寄生虫）	农业：例如奶牛放牧； 工业：例如洗涤用水
C	• <1000 大肠杆菌 /100mL； • pH 6～9； • <20mg/L/30mg/L BOD/SS	二级处理和减少病原微生物（包括减少寄生虫的放牧使用计划）	城市（非饮用）：公众接触受限； 农业：例如人类食用的煮熟 / 加工作物，家畜的放牧 / 饲料； 工业：工人不可能接触的系统
D	• <10000 大肠杆菌 /100mL； • pH 6～9； • <20mg/L/30mg/L BOD/SS	二级处理	农业：包括速生草皮、林地和花卉等非粮食作物

再生水水质和处理工艺是最基本的分类依据，从生产方和再生水产品角度，更容易进行评价。我国已经颁布再生水不同用途的水质标准，基本解决了“以用定质”的问题，但还缺少适合我国国情的再生水分级方法和标准。

针对我国污水再生利用的特点，根据再生水处理工艺和水质，可将再生水分为A、B、C三个级别。达到不同再生水级别，需要满足基本处理工艺要求。每个级别可进一步细分为若干级别，需要满足相应的水质要求。二级处理是污水再生处理的基础，三级处理或高标准处理是主体单元，消毒是必备单元。采用二级处理和消毒单元生产的再生水为C级再生水。再生水水质指标分别达到GB 5084《农田灌溉水质标准》（旱地作物、水田作物）和GB 20922《城市污水再生利用　农田灌溉用水水质》（纤维作物、旱地谷物、油料作物、水田谷物）规定的基本要求时，再生水可确定为C2和C1级。基本控制项目包括：BOD_5、COD、SS、阴离子表面活性剂、水温、pH、全盐量、氯化物、硫化物、总汞、镉、总砷、铬（六价）、铅、粪大肠菌群数、蛔虫卵数、溶解氧、溶解性总固体、余氯、石油类、挥发酚等。

采用三级处理和消毒单元生产的再生水为B级再生水。再生水水质指标分别达到GB 5084（蔬菜）或GB 20922（露地蔬菜）、GB/T 25499、GB/T 19923、GB/T 18921和GB/T 18920规定的基本要求时，再生水可确定为B5、B4、B3、B2或B1级。B5级基本控制项目包括：BOD_5、COD、SS、阴离子表面活性剂、水温、pH、全盐量、氯化物、硫化物、总汞、镉、总砷、铬（六价）、铅、粪大肠菌群数、蛔虫卵数、溶解氧、溶解性总固体、余氯、石油类、挥发酚。B4级基本控制项目包括：浊度、嗅、色度、pH、溶解性总固体、BOD_5、总余氯、氯化物、阴离子表面活性剂、氨氮、粪大肠菌群数、蛔虫卵数等。B3级基本控制项目包括：pH、悬浮物、浊度、色度、BOD_5、COD、铁、锰、氯离子、二氧化硅、总硬度、总碱度、硫酸盐、氨氮、总磷、溶解性总固体、石油类、阴离子表面活性剂、余氯、粪大肠菌群数等。B2级基本控制项目包括：pH、BOD_5、浊度、总磷、总氮、氨氮、粪大肠菌群数、余氯、色度等。B1级基本控制项目包括：pH、色度、嗅味、浊度、BOD_5、氨氮、阴离子表面活性剂、铁、锰、溶解性总固体、溶解氧、总氯、大肠埃希氏菌等。

采用高级处理和消毒单元生产的再生水为A类再生水。再生水水质指标分别达到GB/T 1576《工业锅炉水质》、GB/T 19772（地表回灌）和GB/T 19772（井灌）或GB/T 11446.1《电子级水》或GB/T 12145《火力发电机组及蒸汽动力设备水汽质量》规定的基本要求时，再生水可确定为A3、A2或A1级。A3级基本控制项目包括：浊度、硬度、pH、电导率、溶解氧、油、铁等。A2级基本控制项目包括：色度、浊度、pH、总硬度、溶解性总固体、硫酸盐、氯化物、挥发酚类、阴离子表面活性剂、COD、BOD_5、硝酸盐、亚硝酸盐、氨氮、总磷、动植物油、石油类、氰化物、硫化物、氟化物、粪大肠菌群数等。A1级基本控制项目包括：色度、浊度、pH、总硬度、溶解性总固体、硫酸盐、氯化物、挥发酚类、阴离子表面活性剂、COD、BOD_5、硝酸盐、亚硝酸盐、氨氮、总磷、动植物油、石油类、氰化物、硫化物、氟化物、粪大肠菌群数；电阻率、全硅、微粒数、细菌个数、铜、锌、镍、钠、钾、铁、铅、氟、氯、亚硝酸根、溴、硝酸根、磷酸根、硫酸根、总有机碳（TOC）；二氧化硅、电导率、总有机碳等。高级处理设施可根据需要，选择在再生水厂或用户端建设和运行。工业废水和医疗污水不得进行农田灌溉。

5.3.2.2 水质评价程序

再生水利用的关键是水质安全保障和风险控制。例如，由病原微生物引发的生物风险感染概率高、致害剂量低、显效时间短、危害程度大，是再生水水质安全保障和风险控制的关键。再生水中病原微生物的类型、浓度水平、风险水平等已逐渐成为公共卫生领域关注的重要话题。水质安全应包括健康安全、生态安全、设施安全和心理安全（即公众接受度）四个方面：①再生水利用过程涉及公众和相关从业人员等，再生水应对其身体健康不产生有害影响。②在景观环境等利用过程中，再生水应不引起地表水等受纳环境的恶化。再生水应对受纳环境的水生生物、陆生生物无不良影响。在杂用和工业利用等过程中，再生水对设备、管道、用户物品、工业产品不产生有害影响。应让公众和相关从业人员接受再生水利用过程，不引起公众和相关从业人员的心理不适和感官不悦。

水质安全评价分水质指标选择与评价基准值的确定、水质监测、安全评价三个步骤。水质安全评价应围绕其用途展开，以保证评价结果为决策提供适宜和有用的信息。

（1）指标选择与评价基准值的确定

应根据再生水用途、暴露人群、设施和环境要素，结合再生水利用现场的具体条件，选取水质指标。根据相关标准的水质要求，确定指标的评价基准值。对于未列入标准的水质指标，可开展评价基准值研究，根据风险评估、公众接受和日常实践，确定评价基准值。

（2）水质监测

水质监测方法、监测点位与频率，应参照相关标准执行。针对再生水的水质监测，应充分考虑再生水中污染物组成复杂、浓度低等水质特征。在日常监测和管理过程中，可使用水质指标的替代或指示指标。通过替代或指示指标的不良去除效果反映系统故障，通过替代或指示指标的有效去除反映再生水处理工艺的运行正常和出水水质安全。

（3）安全评价

对于常规指标，应根据再生水水质标准进行水质达标分析。对于选择性指标和关注性指标，可根据相应或相近用途的用水水质标准，进行水质达标分析。若无相关标准，可研究确定评价基准值进行水质安全评价，或进行健康风险或生态风险评价，判断安全性。

5.3.2.3 园区供水分质及回用水分级

（1）分质供水系统

按照上海市工业园区循环化改造评价标准（试行版）及北京亦庄经济开发区水回用技术最新研究成果，园区分质供水系统包括生活用水系统、工业用水系统和环境用水系统。其中：

a）生活用水包括饮用水、一般生活用水、冲厕杂用水等。饮用水的水质要求达到直接饮用的标准，需要深度处理。一般生活用水主要为自来水。冲厕杂用水等水质要求比较低，宜选用低质的再生水。

b）工业用水可分为工艺用水和循环冷却水。工艺用水直接与工艺相关，用水水质差别较大，一般常直接从管网中引入自来水，或利用附近地表水再经自备水厂处理，特殊工艺有专用水处理流程。循环冷却水水质要求较低，除了用自来水外，还可以用海水或再生水代替。

c）环境用水包括观赏河道用水和绿化用水两部分。观赏河道用水与区域的发展、生态、气候条件有着直接的联系，对水质的要求不高，可采用再生水。绿化用水为园区洒扫、绿化所需用水，宜采用再生水。

（2）供给方式

a）自来水。分区供水应以一个或相邻的几个特色企业为单元，建立优质饮用水处理站，将自来水进一步深度处理后，使水质达到优质饮用水标准，可以应用于创意园、企业聚集区等。应在现有自来水厂常规处理的基础上，通过更新或改造原有园区管网来供给自来水，减少地下水开采。

b）再生水。分散处理回用时，建筑面积在 5000m^2 以上、厂房、办公楼等大型建筑，或规划面积在 20000m^2 以下的园区，宜将洗涤水和冲洗水等生活杂用水（灰水）集中收集后，经适当处理供冲厕、小区绿化以及浇洒道路使用。集中处理时，点对点回用。规划面积 20000m^2 以上、50000m^2 以下的园区，宜将城市污水处理厂的二级出水进行深度处理，通过点对点中水管道或河道输送，供电厂冷却用水、工业用水、农业用水和生态用水。集中处理时，全面回用。规划面积 50000m^2 以上的园区，将城市污水处理厂的二级出水进行深度处理，通过遍及全市的再生水管道输送，分等级供工业、冷却、景观、绿化和居民冲厕用水。

c）海水。以海水替代淡水作为工艺用水、冷却用水和烟气脱硫用水等。在淡水不足的地区，海水淡化厂的淡水经一定的处理后，可以并入原有的供水系统。

（3）园区回用水分级

a）园区回用水分级的一般要求：

园区水的分级使用及循环利用应严格执行相关标准、规范；

园区应建立健全并贯彻落实水资源一体化的制度与管理办法；

园区应制定水资源规划方案，统筹、综合利用各种水资源；

园区应实行分质供水、回用优先的分类用水原则；

园区应实行分类收集、分质处理的污废水收集处理原则。

b）按照水质和用途，回用水可分为五级：

一级，水质要求最高（超纯）。用于药品、医疗器械生产工艺中的产品清洗、配制、洁净服清洗、工位器具清洗、环境清洗环节，以及作为检测试剂制备底液等，各项水质指标需符合《中华人民共和国药典》的要求。

二级，水质要求较高（纯）。用于电子和半导体工业高纯清洗环节等，各项水质指标需符合 GB/T 11446.1《电子级水》的要求。

三级，水质要求中等。可作为工业用水，例如：冷却用水（直流式、循环式等）、洗涤用水（冲渣、冲灰、除尘、清洗等）、锅炉用水（中压、低压锅炉等）、工艺用水（溶料、水域、蒸煮、漂洗、水利开采、水力输送、增湿、稀释、搅拌、选矿等）、产品用水（浆料、化工制剂、涂料等），各项水质指标需符合 GB/T 19923《城市污水再生利用　工业用水水质》及 SL 368《再生水水质标准》的要求。

四级，水质要求较低。可作为园区杂用水，例如：园区绿化、冲洗厕所、道路清扫、车辆冲洗、建筑施工（施工场地清扫、浇洒、灰尘抑制、混凝土制备养护、建筑物冲洗等）、消防（消火栓、消防水炮等），各项水质指标需符合 GB/T 18920《城市污水再生利用　城市杂用水水质》及 SL 368《再生水水质标准》的要求。

五级，水质要求最低。可作为园区其他类型用水，例如景观用水等，各项水质指标需符合 GB/T 18921《城市污水再生利用　景观环境用水水质》及 SL 368《再生水水质标准》的要求。

5.3.3　再生水厂水质管理方法

5.3.3.1　水质管理制度

再生水厂需围绕再生水水质安全保障，建立系统、完善、规范的水质管理制度。水质管理制度应符合再生水行政主管部门水质监督管理要求。水质管理制度的内容包括水质管理目标、水质管理岗位责任、沟通与上报机制、水质检测监控制度、水质报告制度、水质事故统计与分析制度、水质档案和资料管理制度等。

5.3.3.2　水质管理目标

再生水厂需根据原水水质特点、出水水质要求，制定符合质量管理方针和发展要求的水质管理目标。水质管理目标应确保再生水安全，符合国家相关标准规定并满足再生水用户需求。

再生水的原水中可能存在的高含量肠道致病菌，会给再生水的安全利用带来潜在风险（见表 5-7），包括细菌、病毒、致病原虫（寄生虫）等。这些病原微生物最有可能的健康风险暴露途径是人体通过摄入肠道致病菌引起胃肠道疾病感染，其他暴露途径例如吸入气溶胶或皮肤接触也可能导致疾病的发生。污水中还可能存在新型致病菌、抗生素耐药菌和抗生素抗性基因等，但一般来讲这些微生物在再生水高标准处理中出现的含量非常低。

表 5-7　污水原水中可能存在的病原微生物及其浓度范围

病原微生物	可能引起的疾病感染	污水原水中浓度范围 /（个 /L）
细菌		
大肠杆菌（指示微生物）	肠胃炎、溶血性尿毒性综合征	$10^5 \sim 10^{10}$
肠球菌（指示微生物）	—	$10^6 \sim 10^7$
产气荚膜梭菌（指示微生物）	—	$10^4 \sim 10^6$
弧形杆菌	肠胃炎、格林巴利综合征	$<1 \sim 10^5$
沙门氏菌	伤寒症、肠胃炎、反应性关节炎	$<1 \sim 10^6$
志贺氏杆菌	痢疾	$<1 \sim 10^4$
霍乱弧菌	霍乱	$<1 \sim 10^6$
病毒		
腺病毒	肠胃炎、呼吸系统疾病、眼部感染	$<1 \sim 10^4$

表 5-7（续）

病原微生物	可能引起的疾病感染	污水原水中浓度范围 /（个 /L）
诺如病毒	肠胃炎	$<1\sim10^6$
肠道病毒	肠胃炎、呼吸系统疾病、神经紊乱、心肌炎	$<1\sim10^6$
轮状病毒	肠胃炎	$<1\sim10^5$
大肠杆菌噬菌体（指示微生物）	—	$<1\sim10^9$
F-RNA 噬菌体（指示微生物）	—	$<1\sim10^7$
原生动物		
隐孢子虫	肠胃炎	$<1\sim10^5$
痢疾变形虫	阿米巴痢疾	$<1\sim10^2$
梨形鞭毛虫	肠胃炎	$<1\sim10^5$
寄生虫		
蛔虫	腹痛、肠道阻塞	$<1\sim10^3$
鞭虫	腹痛、腹泻	$<1\sim10^2$

此外，污水中存在种类繁多的化学污染物，主要来自工业废水、商业和市政污水。污水中可能存在的 15 类化学污染物及其潜在来源见表 5-8。污水中化学污染物浓度一般在小于 1ng/L～1mg/L 级别。再生水利用过程的化学污染物主要来自污水水源，可通过水源污染控制、污水再生处理等方法实现再生水利用过程化学危害的管理。一般来讲，污水经过再生处理后，绝大多数化学污染物只有经过长期暴露后才会引起人们的关注，但也有一些有害化学物经短期连续暴露就会产生影响。因此，设置科学合理、切实可行的化学污染物基准值可对公众健康（包括易感人群和普通人群）起到保护作用。

表 5-8　污水中或再生处理过程中可能存在的化学污染物

化学污染物种类	可能存在的化学污染物	潜在来源
重金属	镉、铜、铬、铅、汞、镍、银、砷	工业废水、天然来源、水或污水、管道及配件
无机物	氟化物、硝酸盐、亚硝酸盐、氨	自来水、天然来源、生活垃圾
工业合成物质	增塑剂、杀菌剂、环氧树脂、脱脂剂、染料、螯合物、聚合物、多芳香烃、多氯联苯、邻苯二甲酸盐	广泛商业用途、工业废水
挥发性有机物	石油化工产品、工业溶剂、卤代消毒副产物	工业废水、自来水（如三卤甲烷）

表 5-8（续）

化学污染物种类	可能存在的化学污染物	潜在来源
杀虫剂	家用、庭院和农业杀虫剂	市政、农业和工业废水
药物	非类固醇抗炎药、抗生素、抗高血压药、降胆固醇药、兽药	人体和动物排泄的药物和代谢产物、未使用药物的丢弃、制造场所的排放
激素	雌二醇、雌酮、雌二醇、睾酮	人体和动物粪便（尤其来自屠宰场），可能包括天然荷尔蒙和避孕药的排泄
个人护理品	香水、化妆品、止汗剂、保湿霜、肥皂、面霜、美白产品、染料和洗发露	生活垃圾
防腐剂	三氯生、三氯卡班	生活用品和商业用品
全氟和多氟烷基物质	全氟辛酸、全氟辛烷磺酸盐	家庭日用品（如防水装饰材料和不粘锅厨具）、消防泡沫
阻燃剂	溴系阻燃剂	家庭日用品（如装饰材料、衣物和电器）
二噁英和多氯联苯	五氯联苯	工业废水
纳米材料	银、氧化钛、氧化锌	商业用品（如个人护理品、食物贮藏箱、洗涤剂等）
蓝藻毒素	微囊藻毒素、柱胞藻毒素	蓝藻细菌在污水处理厂、废水塘、环境缓冲水体的生长
消毒副产物	三卤甲烷、卤乙酸、溴酸盐、氯酸盐、亚氯酸盐，*N*- 亚硝基二甲胺	消毒剂与废水和饮用水中有机物的反应，消毒副产物类型取决于原水和消毒剂属性

此外，需进一步关注有毒蓝藻和藻毒素、再生水消毒过程中产生的消毒副产物和新型化学污染物，如全氟烷基和多氟烷基类物质以及纳米颗粒物。污水中还可能存在放射性污染物。一般来讲，再生水处理过程中所涉及的处理技术和方法可有效地去除放射性污染物。

综上，再生水厂应加强对来水水质的日常监测，应根据污水排放—污水再生处理—再生水利用三者之间的水质关系，以及再生水用途和水质要求，建立再生水水源水质管理。再生水厂应明确再生水处理工艺基本要求和水质控制指标并掌握处理过程的水质变化，遵循“多原理并用、多单元协同”的原则对处理工艺进行科学合理设计和优化，建立基于水质净化组合工艺的多屏障水质安全管理。再生水厂应制定水质管理相关仪器设备的质量控制方案和人员安全管理。再生水厂出水水质应符合国家有关标准的规定，宜根据用户需求和特点进行调整，遵循“分质利用、安全经济”的原则，“依用定质”与“依质定用”相结合，建立再生水出水水质管理。

水质管理目标应根据实际情况和发展要求适时予以更新。水质管理目标应包括水质指标、检测点（管理节点）、检测频率、检测方法、监控方法和数据质量控制措施等内容。水质管理目标应向上级主管部门备案，并向再生水用户和公众公开。

目前，污水再生利用过程的微生物浓度控制主要是在再生水厂进水口、出水口等环节设置关键控制点，通过规定关键控制点的水质控制指标及其浓度限值（准则值），保障再生水安全利用。例如，我国再生水生物风险控制和管理手段以对再生水厂出水中病原指示微生物的浓度控制为主。浓度限值适用于定量监测和评价，便于行政主管和监管部门进行水质达标监管。微生物控制的目标是降低感染风险，而感染风险可通过再生水中微生物浓度模拟计算得出。我国现有污水再生利用标准中对微生物的控制要求，参考和借鉴了国外标准规范中的微生物浓度控制要求，同时结合我国国情，选择粪大肠菌群（或总大肠菌群）等细菌类病原指示微生物作为评价指标。与其他国家或地区（如美国、欧盟、澳大利亚、日本等）的控制要求相比，我国对于城市杂用、工业用水和农田灌溉用水等利用途径的微生物浓度控制要求较为严格。

美国、澳大利亚等再生水利用先行国家，除浓度标准外，主要通过技术标准和处理工艺要求两个方面来保障再生水水质安全，并出台了用以指导项目实施进展的技术性文件及针对不同再生水利用途径的指南。

以美国为例，美国环保局发布的《2012 污水再生利用指南》，涉及污水再生处理和利用各个方面，包括再生水的处理措施及技术能力要求等。美国国家水资源研究中心（NWRI）则颁布了再生水直接补充饮用水源指南以及适用于某个州的指导性框架，不仅要求了微生物浓度限值，还对各处理单元应承担的微生物去除负荷进行了规定，即去除能力标准。能力标准是指为满足再生水的微生物风险控制需求，规定某些病原微生物在污水再生处理过程所需减少的量，从而达到预防或降低微生物风险的效果。根据世界卫生组织（WHO）和美国 NWRI 颁布的相关指南，能力标准制定流程如图 5-4 所示。

由于致病性病毒难以单独监测，美国 NWRI 推荐的肠道病毒指示指标为 MS2 噬菌体。MS2 噬菌体是感染大肠杆菌的病毒，其大小、形状和核糖核酸含量均与肠道病毒相似，可作为水中肠道病毒指示微生物，常用于水中病毒存活状况及去除效果评价。

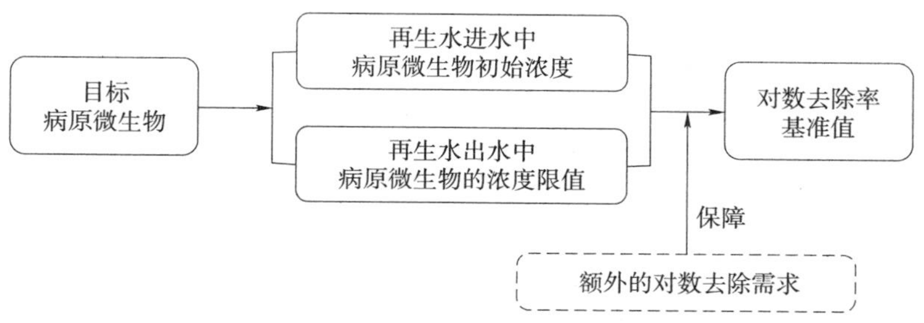

图 5-4　能力标准的制定流程

而 WHO 在模拟病毒感染风险时，采用轮状病毒作为肠道病毒指示指标进行剂量效应计算。肠道病原菌的指示指标为总大肠菌群，因为污水中病原菌的浓度远低于病原指示菌（例如总大肠菌群或大肠杆菌）浓度，测定病原指示菌浓度变化能够较为灵敏地反映深度处理工艺中病原菌的处理效果。与病毒感染剂量相比，许多病原菌的感染剂量更大。

由于隐孢子虫和贾第鞭毛虫较小，且对游离氯和氯胺消毒具有抵抗力，是较难从水中去除的原生动物。臭氧、二氧化氯和紫外线消毒均对贾第鞭毛虫和隐孢子虫有较好的灭活效果，但膜过滤技术对于原生动物的去除十分有效。当过滤出水浊度＜0.3NTU 时，可以认为隐孢子虫和更大的原生动物已被有效去除。美国 NWRI 未对贾第鞭毛虫的去除能力进行要求，其认为隐孢子虫卵囊去除率达到 10-log 时，可同时确保贾第鞭毛虫孢囊的去除达到相同或更高效果。

在确定目标病原微生物后，经过文献调研，确定肠道病毒、隐孢子虫和贾第鞭毛虫在原水（未经处理的污水）中出现的最大浓度为 10^5 个 /L。对于肠道致病菌，以沙门氏菌作为指示微生物，其在原水中的最大浓度也取为 10^5 个 /L。

在计算出水可接受的目标病原微生物最大浓度时，应确定可容许的健康风险水平。美国环保署标准规定，再生水直接补充饮用水源水中病原微生物浓度应满足年感染风险≤10^{-4}；而 WHO 标准规定，感染风险应不超过每人每年 10^{-6} 的伤残调整寿命年（DALY，其反映因各种疾病造成的早死与残疾所导致的健康寿命年损失），相当于每人每年 2.5×10^{-3} 的轮状病毒感染风险。在确定感染风险及暴露量后，根据剂量效应曲线进行计算，得到目标病原微生物的再生水出水浓度限值（再生水直接补充饮用水源的单次摄入量以最大值 2L/d 计，其他利用途径的暴露量需根据暴露途径重新估算）。

能力标准对污水再生处理过程的典型病原微生物去除程度（通常以对数去除率表示）提出要求，能够提升系统的可靠性和安全性。能力标准的制定过程遵循以下原则：

（1）选取的目标病原微生物具有高感染性（如轮状病毒）或浓度远高于致病菌（如总大肠菌群）；

（2）以最大值作为进水中目标病原微生物的初始浓度；

（3）出水中可接受的目标病原微生物浓度以再生水利用过程中最大暴露量以及最大感染风险进行计算；

（4）标准规定的对数去除率要求略高于计算得到的对数去除率要求。

这些原则保障了能力标准的高安全性，结合完备的保障方法，通过可在线监测的替代性指标以及针对不同处理工艺的负荷分配体系，可使其在实际工程的控制与监管中具有更高的可实施性。能力标准与浓度标准相互支撑，应用于运行管理，可以大大提高污水再生利用的安全性。之后可通过加标测试等方式进一步评价和验证处理工艺是否达到所推荐的对数去除率要求。

5.3.3.3 HACCP 体系的建立

危害分析与关键控制点（HACCP）体系是再生水处理过程中重要的风险识别与控制方法。HACCP 体系是 20 世纪 60 年代在美国航天食品安全项目中最先被提出的，后被世界卫生组织定义为“识别、评估和控制风险的一种科学、合理、系统的方法”。HACCP 原理基于预防性过程管理和质量保证，强调对潜在风险关键控制点（CCP）的识别，当 CCPs 的监控指标与关键限值不符或风险在不可控范围时，应立即采取纠偏措施，将消费者的健康风险降至最低，因此具有较高的安全性和可靠性。目前，HACCP 体系已逐渐在食品行业和饮用水供水领域得到广泛应用。例如，瑞士、澳大利亚、冰岛、美国、加拿大、法国、德国、捷克等国家逐渐将 HACCP 体系应用于城市饮用水供水系统的各个环节，包括饮用水源地、给水处理厂、输配水管网等。HACCP 体系在污水处理及再生利用领域也具有较好的应用前景。

HACCP 体系可针对病原微生物风险进行有效控制，以防范、消除该风险或将其降低到可接受水平。HACCP 方法还要求针对监控措施制定具体的行动或调查。对于每个 CCP（即某个处理单元），需要监控关键控制参数或其替代性指标，以根据监测数据评估处理过程是否按预期运行。替代性指标应是可以连续监测、可量化的参数，可以作为与去除特定污染物有关的处理过程的性能指标。替代性指标提供了一种可快速实时评估水质特征的方法，而无需进行困难复杂的特定污染物分析。例如，反渗透工艺可设定电导率、跨膜压差等指标作为关键限制参数，消毒工艺可设定消毒剂余量等指标作为关键限制参数。此外，紫外吸光度（UV_{254}）、三维荧光光谱（EEM）、色度等有机物表征指标也可以作为臭氧消毒效果评价的替代性指标。

澳大利亚的西沃东加再生水厂设定滤池水浊度的关键限值为＜2NTU，氯消毒池余氯的关键限值为＞1mg/L。

针对再生水系统水源水质复杂多变、处理环节长、水质难达标等特点，为满足再生水安全保障需求，再生水厂需基于危害分析与关键控制点（HACCP）原理，对再生水厂全流程，包括水源、一级处理、二级处理、三级处理、四级处理、储存等关键环节进行系统分析和管理，明确水质风险产生原因，进行隐患排查，以实现水质管理目标，确保水质安全。如图 5-5 所示，HACCP 水质管理措施的制定流程包括 12 个步骤，其中前 5 个步骤是应用 HACCP 原理的准备阶段，而后 7 个步骤分别对应于 HACCP 原理的 7 个基本原理。HACCP 体系的主要内容包括危害分析、关键控制点（CCP）和管理措施、纠正和校验措施等。应进行再生水厂危害分析，列出再生水厂各个环节，包括再生水水源、处理工艺各环节或单元、储存和出水，以及各个环节中预期可能产生的危害因子和危害事件，建立危害分析单。

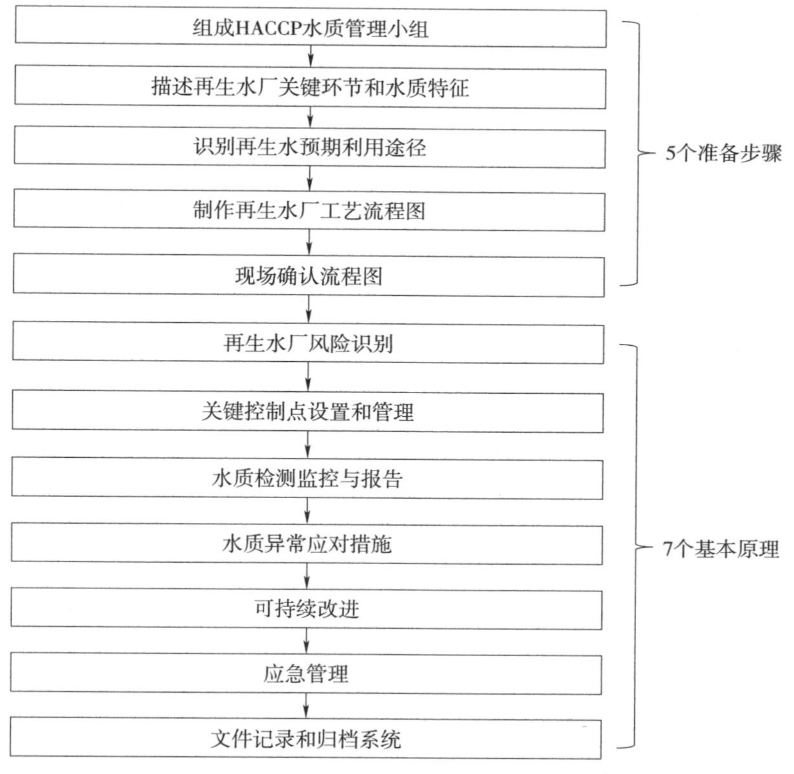

图 5-5　再生水厂危害分析与关键控制点（HACCP）水质管理措施制定流程

确定关键控制点是指识别能实施控制措施以减少、消除风险或将风险降低至可接受水平的点、步骤或程序，是 HACCP 体系的核心步骤。

如图 5-6 所示，应在再生水厂总进水和总出水口设置关键控制点，并根据工艺运行控制需求设置其他关键控制点，确保关键控制点能涵盖整个再生水厂处理工艺系统。以反渗透（RO）工艺为例，其处理流程中的关键控制点以及用以评估运行状况的监测指标如图 5-7 所示。确定关键控制点后，再对相应的处理单元运行状况进行监控，在启动阶段各项监测内容的采样频率普遍高于运行阶段。通过在试运行期间更严苛的监控，保障系统在实际生产中的安全可靠运行。

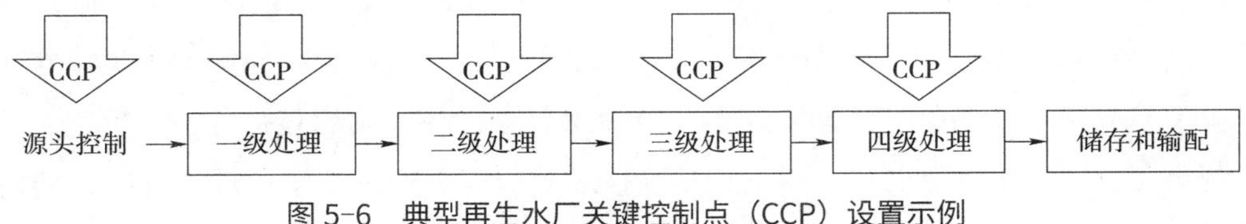

图 5-6　典型再生水厂关键控制点（CCP）设置示例

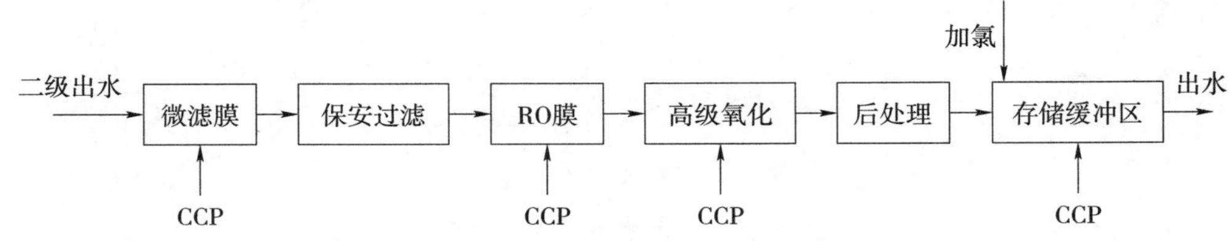

图 5-7　再生水处理工艺流程关键控制点（CCP）示例

关键控制点的关键控制参数及其控制范围，应根据不同工艺特点和控制需求设定。例如：对于混凝沉淀工艺，可设定浊度、悬浮固体浓度等指标作为关键限制参数；对于膜处理工艺，可设定电导率、浊度、TOC、跨膜压差等指标作为关键限制参数；对于消毒工艺，可设定消毒剂剂量、消毒剂余量等指标作为关键限制参数。再生水厂内若配备储水单元，应在储水单元设置关键控制点，定期对储存设施的再生水水质进行监测和检查，防止污染物渗入和水质恶化。

水质采样的设计、组织和方案确定应符合 HJ 494《水质　采样技术指导》和 HJ 495《水质　采样方案设计技术规定》的规定。水样的保存和管理应符合 HJ 493《水质采样　样品的保存和管理技术规定》的规定。根据再生水水源的不同，再生水进水水质检测应符合 GB 18918《城镇污水处理厂污染物排放标准》或 GB/T 31962《污水排入城镇下水道水质标准》的规定。再生水出水水质检测项目和频率应符合 GB/T 18919、GB/T 18920、GB/T 18921、GB/T 19772、GB/T 19923、GB 20922 或 GB/T 25499 的规定，并应满足工艺运行管理需要。可根据条件和需要，酌情增加对关键控制点水质指标和关键控制参数的检测频率。水质监测常规指标包括 pH、生化需氧量（BOD）、化学需氧量（COD）、总悬浮固体、浊度、余氯、营养物质浓度、毒性、电导率、病原指示微生物浓度等。

再生水厂总出水口水质检测项目应包括水质监测常规指标和根据再生水不同利用途径选用的特征指标。例如：再生水用于工业利用冷却水和洗涤用水时，应考虑防止结垢、腐蚀、生物滋生等，重点关注 NH_3-N、氯离子、TDS、总硬度、SS、色度等指标，循环冷却水应考虑盐度和硬度的控制；再生水用于农业灌溉利用时，应重点关注重金属、病原微生物、有毒有害有机物、色度、嗅味、TDS 等指标。

再生水厂可与具备检测资质的机构共同承担水质检验工作，水质检测仪器及设备应在检定周期内经法定计量检定部门检定合格后方可投入使用。对于部分检测频率较低、所需仪器昂贵、检测成本较高的水质指标，可委托具有相关资质的单位进行检测。

再生水厂应在进出水口和特定关键控制点设置在线监控系统，实时监测再生水水质变化并及时提供信息指导生产，确保过程受控，防止偏离关键限值。在线监控系统应对可能出现的水质安全事故进行预警，以便对再生水厂及时做出调整。在线监控系统应连续运行，定期检查、调整与维护保养。在线监控系统应根据工艺运行控制需求及时调整运行参数。

水质在线监测数据宜传至中心控制室。在线数据不能实时传至中心控制室时，运行管理人员应及时查看，记录并反馈在线仪表数据。在线仪表设备应有专人定期校验和维护。在线仪表读数波动较大时，应及时检修或增加校对次数。应建立全流程、系统性的水质安全保障纠正和校验措施，从而预防危害或使危害降至可接受水平。当关键控制点的水质指标和关键控制参数不符或风险在不可控范围时，应立即采取纠正措施，保证关键控制点重新处于受控状态。例如，当再生水厂进水水质超标时，纠正措施包括可停止进水，通知上游污水处理厂，并调查水质下降的原因，若继续进水则应及时调整处理单元工艺和运行参数；当膜处理工艺出现膜破裂、膜污染等现象时，纠正措施包括检查膜状况、更换膜组件、优化清洗方法等；当消毒工艺出现失效时，纠正措施包括增加附属处理单元、改变消毒剂种类、调整消毒剂剂量等。

再生水厂应采用包括随机抽样和分析等在内的审核方法，确定再生水厂管理是否符合 HACCP 体系要求。校验措施包括 HACCP 体系和记录的复查、纠正措施的复查、证实关键控制点处于受控状态等。

再生水厂应实施内部质量检验与控制。水质检测室应定期采用空白试验、控制样品测定、内部比对试验等方法进行比对验证。再生水厂应严格执行外部质量监控规定。水质检测过程涉及的计量仪器和器具应按计量机构的规定定期进行计量检定，日常使用过程中应定期进行校验和维护。

再生水厂需持续提升其HACCP体系的适宜性、充分性和有效性，以应对不断变化的内外部影响因素、机遇和挑战。应建立健全质量管理体系和水质管理验证、评价和动态完善制度，实现再生水厂水质管理持续改进。应建立完善水质预警系统，制定水源和水质突发事件应急预案，并定期进行应急演练，当出现突发事件时，再生水厂应按预案尽快上报并迅速采取有效的处理措施。

再生水厂需与上游污水处理厂建立沟通联动机制，当污水处理厂有影响下游水质的工艺调整或维修时，再生水厂应提前准备，应对水质波动。当再生水水质出现异常或发生较大变化时，应加大检测频率，并根据需要增加水质监测点、监测指标，调整处理工艺。当水质检验结果发生持续超标时，应查明原因，采取措施，并及时上报上级主管部门和告知用户。

再生水厂可能受到紧急情况、突发事件、水源干扰或中断等影响，宜配备备用水源以应对基本再生水供水服务需求。可能的备用水源包括饮用水、雨水以及集中式水回用系统周边邻近的江河湖水等。当饮用水作为再生水备用水源或补充水源时，可通过设置防逆流措施（如空气隙等装置）有效避免再生水对饮用水管网的潜在污染。

水质管理人员需掌握处理工艺和设施、设备的运行、维护基本要求及水质技术指标。水质检测人员应具有必要的资格和条件，应经过水质检验、测试专业技术培训，获得相应的操作技能等级资格证书。水质结果分析、报送与发布人员在上岗工作之前，应接受专业的职业技能培训。此外，再生水厂水质管理中的所有程序和过程应进行有效、准确地记录和备份。所涉及的取样记录、化验记录、数据分析报告及相关的水质管理资料应准确完整、字迹清晰、真实有效。需对水质检测方法、水质化验原始记录、水质分析化验汇总、仪器设备使用台账及需要保密的技术资料等进行归档。

第6章 海水淡化利用关键技术及标准研究

海水作为我国非常规水资源的重要组成部分，已被纳入国家水资源统一配置体系。2016 年以来，我国有关部门相继发布了《全国海水利用“十三五”规划》《海水淡化利用发展行动计划（2021—2025 年）》等文件，明确指出“发展海水淡化利用，增加水资源供给和优化供水结构，保障我国沿海地区、离岸海岛经济社会可持续发展”。预计到 2025 年，全国海水淡化总规模将达到 290 万 t/d 以上，新增海水淡化规模 125 万 t/d 以上，其中沿海城市新增 105 万 t/d 以上，海岛地区新增 20 万 t/d 以上。海水淡化产业链、供应链现代化水平进一步提高，海水淡化利用的关键技术得到突破，标准体系基本健全，政策机制更加完善。

6.1 海水水质特性

6.1.1 海水的组成

海水的成分非常复杂，包括无机盐、有机物、微量元素以及溶解的气体。由于海洋与陆地之间不断进行着物质交换，因此，广义上讲海水中应该含有地球上所有的元素，但受检测技术的限制，目前海水中能检测出的元素有 80 多种。

海水中的成分可以划分为五大类：

（1）主要成分（大量、常量元素）：海水中浓度大于 1.0mg/kg 的成分。属于此类的阳离子有 Na^+、K^+、Ca^{2+}、Mg^{2+} 和 Sr^{2+} 五种，阴离子有 Cl^-、SO_4^{2-}、Br^-、HCO_3^-（CO_3^{2-}）和 F^- 五种，还有以分子形式存在的 H_3BO_3，上述元素的总和占海水成分的 99.9%。

（2）溶于海水的气体成分：如氧、氮、二氧化碳及惰性气体等。海水中溶解的气体对于淡化过程有着非常关键的影响，特别是对蒸馏淡化过程，溶解气体的存在会加快设备的腐蚀，而且会影响传热效率。

（3）营养元素（营养盐、生源要素）：主要是与海洋植物生长有关的要素，通常是指 N、P 及 Si 等。这些要素在海水中的含量经常受到植物活动的影响，其含量很低时，会限制植物的正常生长，所以这些要素对生物有重要意义。

（4）微量元素：在海水中含量很低，小于 1×10^{-6}mg/kg，但又不属于营养元素者。这里说的微量只是对海水而言，与通常意义上的“微量元素”不同。比如，Fe 和 Al 在地壳中的含量很高，而在海水中含量很低，它们就是海水中的微量元素。

（5）海水中的有机物：海水中的有机物从状态来说可分为三类，即溶解有机物、颗粒有机物和挥发性有机物。溶解有机物的主要组成是浮游植物的分泌物、动物的分泌物和排泄物、死生物的自消解和受细菌分解过程中的产物等；颗粒有机物主要指直径大于 0.5μm 的有机物，包括从胶粒到细菌聚集体和微小浮游生物等；海水中的挥发性有机物仅占总有机物的 2%～6%，它们主要是蒸汽压高、分子量小和溶解度小的有机化合物，如一些低分子烃（甲烷、乙烷等）、氯代低分子烃、氟代低分子烃、滴滴涕的残留物等。海水中这些有机物的存在对膜法淡化有着很重要的影响，这些物质附着在膜表面，会使膜渗透压增大，通量降低，缩短膜的寿命。

不同地域海水中的总含盐量或盐度是可变的，但其所含主要成分浓度之间的比值几乎保持恒定，这称为海水组成恒定性原理，又称为主要成分恒比关系原理。海水成分保持基本恒定的原因主要包括两个方面：一方面是混合作用，大洋海水通过环流、潮流、垂直流等运动，连续不断进行混合；另一方面是海水体积极大，它所拥有的多种成分的总量也很大，外界的影响很难使其相对组成发生明显的变化。

表 6-1 给出了海水中最重要的溶解元素的浓度和主要存在形态，由此可以看出海水中的元素，有的主要以离子形态存在，有的则主要以络合物形式存在。比如氯元素主要以 Cl^- 形式存在，也有少部分与 Mn、Ni、Zn、Hg 等形成络合物。近岸海水还会以胶体或溶液混合物的方式存在。海水中这些以不同形式存在的化合物，对于海水淡化工程工艺的选择，特别是预处理工艺方案的选择和设计有着决定性的影响。不同地域的海水成分会有一定的差异，因此在淡化工程实施之前，需对取水海域的海水组成成分进行认真的调查，有针对性地设计适当的取水及淡化工艺，而不能生搬硬套。

表 6-1　海水中最重要的溶解元素的浓度和主要存在形态

元素	平均浓度	范围	单位（每千克海水）	主要存在形态
Li	174	—	μg	Li^{+}
B	4.5	—	mg	H_3BO_3
C	27.6	24～30	mg	HCO_3^{-}、CO_3^{2-}
N	420	<1～630	μg	NO_3^{-}
F	1.3	—	mg	F^{-}、MgF^{+}
Na	10.77	—	g	Na^{+}
Mg	1.29	—	g	Mg^{2+}
Al	540	<10～1200	ng	$Al(OH)_4^{-}$、$Al(OH)_3$
Si	2.8	<0.02～5	mg	H_4SiO_4
P	70	<0.1～110	μg	HPO_4^{2-}、$NaHPO_4^{-}$、$MgHPO_4^{-}$
S	0.904	—	g	SO_4^{2-}、$NaSO_4^{-}$、$MgSO_4$
Cl	19.354	—	g	Cl^{-}
K	0.399	—	g	K^{+}
Ca	0.412	—	g	Ca^{2+}
Mn	14	5～200	ng	Mn^{2+}、$MnCl^{+}$
Fe	55	5～140	ng	$Fe(OH)_3$
Ni	0.50	0.10～0.70	μg	Ni^{2+}、$NiCO_3$、$NiCl^{+}$
Cu	0.25	0.03～0.40	μg	$CuCO_3$、$CuOH^{+}$、Cu^{2+}
Zn	0.40	<0.01～0.60	μg	Zn^{2+}、$ZnOH^{+}$、$ZnCO_3$、$ZnCl^{+}$
As	1.7	1.1～1.9	μg	$HAsO_4^{2-}$
Br	67	—	mg	Br^{-}
Rb	120	—	μg	Rb^{+}
Sr	7.9	—	mg	Sr^{2+}
Cd	80	0.1～120	ng	$CdCl^{2}$
I	50	25～65	ng	IO_3^{-}
Cs	0.29	—	μg	Cs^{+}
Ba	14	4～20	μg	Ba^{2+}
Hg	1	0.4～2	ng	$HgCl_4^{2-}$
Pb	2	1～35	ng	$PbCO_2$、$Pb(CO_3)_3^{2-}$、$PbCl^{+}$
U	3.3	—	μg	$UO_2(CO_3)_3^{4-}$

6.1.2 海水的性质

海水是一种溶解有多种无机盐、有机物和气体以及含有许多悬浮物质的混合液体。就大多数海水而言，溶解无机盐的总含量约占 3.5%，这就使海水的一些物理性质同纯水相比有许多差异。下面就简要介绍海水淡化工程设计所涉及的一些海水的物化及热力学性质。

6.1.2.1 盐度、电导率、溶解性总固体

（1）盐度

海水中的含盐量是海水浓度的标志，海洋中的许多现象和过程都与其分布和变化息息相关。含盐量对于海水淡化工程来说也是一个非常重要的指标，直接关系淡化工艺的选择、淡水的成本以及项目的经济性。由于海水组成恒定，而且其中氯的含量较多，为了简化测量过程，通常采用 $AgNO_3$ 滴定的方法测量海水盐度。海水盐度与氯离子浓度之间有着如下关系：

$$S=0.03+1.8050\mathrm{Cl} \tag{6-1}$$

式中，S 为盐度，以 ‰ 计。Cl 称为海水的“氯度”，即 1kg 海水中的溴和碘以氯当量置换，氯离子的总克数，以 ‰ 计。为了数据的一致，便于使用，国际上统一将氯度为 19.374‰、盐度为 35.000‰ 的海水定义为标准海水。

采用滴定法测量盐度误差较大，20 世纪 70 年代电导盐度计的问世，使得盐度的测量更为简便，数据的精度也大大提高。电导法测量盐度，使盐度值与氯度脱钩，更能准确地反映海水盐含量的情况。

采用电导方法计算盐度的公式如下：

$$S=\sum_{i=0}^{5}a_iK_{15}^{i/2} \tag{6-2}$$

式中，K_{15} 是在一个标准大气压下，温度 15℃时，海水样品的电导率与标准 KCl 溶液的电导率之比。a_0=0.0080，a_1=−0.1692，a_2=25.3851，a_3=14.0941，a_4=−7.0261，a_5=2.7081；$\sum_{i=0}^{5}a_i$=35.0000。

式（6-2）适用于 2%≤S≤42% 的海水。

（2）电导率

海水的电导率是表征海水导电能力的物理量，定义为：横截面积为 1cm^2 的海

水水柱单位长度上的电导，单位为 S/m。电导率越大导电性能越强，反之越小。海水的电导率随海水温度、压力和盐度的改变而变化，在相同温度和压力下，相同离子组成的海水的电导率仅与盐度有关，因此，可根据电导率的大小求出盐度值。表 6-2 给出了不同温度下，海水平均电导率和氯度之间的经验关联式。对于海水来说，压力对其电导率的影响较弱，而温度对其电导率的影响较大，温度每升高 1℃，电导率约增加 2%。实际使用中为了方便起见，常采用相对电导率，即在同一温度和 0.1MPa 气压的条件下，某一水样的电导率与盐度为 35‰ 的标准海水的电导率的比值。

表 6-2　海水电导率

温度	海水的平均电导率（$\bar{\gamma}$）和氯度（Cl）的经验关联式
0℃	$\bar{\gamma}=1.7875\times10^{-1}(\mathrm{Cl})-2.9596\times10^{-3}(\mathrm{Cl})^2+1.127\times10^{-4}(\mathrm{Cl})^{-3}-1.902\times10^{-6}(\mathrm{Cl})^4$
5℃	$\bar{\gamma}=2.0818\times10^{-1}(\mathrm{Cl})-3.6859\times10^{-3}(\mathrm{Cl})^2+1.449\times10^{-4}(\mathrm{Cl})^{-3}-2.520\times10^{-6}(\mathrm{Cl})^{-4}$
10℃	$\bar{\gamma}=2.3749\times10^{-1}(\mathrm{Cl})-4.1334\times10^{-3}(\mathrm{Cl})^2+1.554\times10^{-4}(\mathrm{Cl})^{-3}-2.643\times10^{-6}(\mathrm{Cl})^4$
15℃	$\bar{\gamma}=2.7009\times10^{-1}(\mathrm{Cl})-5.1390\times10^{-3}(\mathrm{Cl})^2+2.097\times10^{-4}(\mathrm{Cl})^{-3}-3.829\times10^{-6}(\mathrm{Cl})^4$
20℃	$\bar{\gamma}=3.0191\times10^{-1}(\mathrm{Cl})-5.6253\times10^{-3}(\mathrm{Cl})^2+2.181\times10^{-4}(\mathrm{Cl})^{-3}-3.804\times10^{-6}(\mathrm{Cl})^4$
25℃	$\bar{\gamma}=3.3524\times10^{-1}(\mathrm{Cl})-6.2481\times10^{-3}(\mathrm{Cl})^2+2.371\times10^{-4}(\mathrm{Cl})^{-3}-4.049\times10^{-6}(\mathrm{Cl})^4$

海洋中海水电导率的分布和变化，是影响海水电性质和海洋电场的重要因素，它和电磁波在海洋中传输时的衰减特性和相位特性密切相关，影响着海洋中的通信和导航。人们对海水电导的研究已有近百年的历史，最主要的应用是利用海水电导测定海水的盐度。近年来，进一步完善了电导测盐度的方法，使其成为测量海水盐度的精确方法。

（3）溶解性总固体（TDS）

溶解性总固体也称总矿化度，是指水中溶解组分的总量，包括溶解于水中的各种离子、分子、化合物的总量，但不包括悬浮物和溶解气体，单位为 mg/L。当水中有机物含量较少时溶解性总固体可近似用总含盐量表示。溶解性总固体的标准测定方法是将 1L 水加热到 105～110℃，使水全部蒸发，剩下的残渣质量即是水中的溶解性总固体量。一般也可通过测量水中的电导换算得到。在物理意义上来说，水中溶解物越多，水的 TDS 值就越大，水的导电性也越好，其电导率值也越大。海水中的溶解性总固体约为 35000mg/L。

6.1.2.2 热力学性质

海水的热力学性质一般指海水的热容、比热容、绝热温度、位温、热膨胀及压缩性、热导率与蒸发潜热等。它们都是海水的固有性质，是温度、盐度、压力的函数。

（1）热容和比热容

海水温度升高 1K（或 1℃）时所吸收的热量称为热容，单位为 J/K 或 J/℃。单位质量海水的热容称为比热容，单位为 J/（kg·℃）。

在一定压力下测定的比热容称为比定压热容，记为 c_p；在一定体积下测定的比热容称为比定容热容，记为 c_V。海洋学中最常使用前者。c_p 和 c_V 都是海水温度、盐度与压力的函数。海水的比热容在所有物质中是较高的，约为 3.89×10^3J/（kg·℃）。这也是海水温度四季变化较小的原因。

表 6-3 是气压为 101325Pa 时，不同盐度和温度海水的比热容 c_p。由此可以看出，c_p 值随盐度的增高而降低，但随温度的变化比较复杂，大致规律是在低温、低盐时 c_p 值随温度的升高而减小，在高温、高盐时 c_p 值随温度的升高而增大。

表 6-3　气压为 101325Pa 时海水的比热容 c_p　　单位：$\times10^3$J/（kg·℃）

S/%	t/℃								
	0	5	10	15	20	25	30	35	40
0	4.2174	4.2019	4.1919	4.1855	4.1816	4.1793	4.1782	4.1779	4.1783
5	4.1812	4.1679	4.1599	4.1553	4.1526	4.1513	4.1510	4.1511	4.1515
10	4.1466	4.1354	4.1292	4.1263	4.1247	4.1242	4.1248	4.1252	4.1256
15	4.1130	4.1038	4.0994	4.0982	4.0975	4.0977	4.0992	4.0999	4.1003
20	4.0804	4.0730	4.0702	4.0706	4.0709	4.0717	4.0740	4.0751	4.0754
25	4.0484	4.0428	4.0417	4.0437	4.0448	4.0462	4.0494	4.0508	4.0509
30	4.0172	4.0132	4.0136	4.0172	4.0190	4.0210	4.0251	4.0268	4.0268
35	3.9865	3.9842	3.9861	3.9912	3.9937	3.9962	4.0011	4.0031	4.0030
40	3.9564	3.9556	3.9590	3.9655	3.9688	3.9718	3.9775	3.9797	3.9795

（2）蒸发潜热

单位质量海水蒸发为同温度的蒸汽所需的热量，称为海水的蒸发潜热，以 L 表示，单位为 J/kg 或 J/g。海水蒸发潜热的数量值受盐度影响很小，与纯水非常接近，可只考虑温度的影响。其计算方法有许多经验公式，迪特里希（Dietrich，1980）给出的公式为

$$L=(2502.9-2.720t)\times 10^{3} \tag{6-3}$$

式中，L 为蒸发潜热，t 为温度，适用范围为 0～30℃。

水在一个大气压（0.1MPa）、100℃时的蒸发潜热为 2257.2kJ/kg。正是由于海水的蒸发潜热很大，所以在热法海水淡化中，通常使用末级出来的蒸汽预热进料海水，回收蒸汽的余热。

（3）热传导

相邻海水温度不同时，由于海水分子或海水块体的交换，会使热量由高温处向低温处转移，这就是热传导。单位时间内通过某一截面的热量，称为热流率，单位为 W。单位面积的热流率称为热流率密度，单位为 W/m^2。其量值的大小除与海水本身的热传导性能密切相关之外，还与垂直于该传热面方向上的温度梯度有关，即

$$q=-\lambda\frac{\partial t}{\partial n} \tag{6-4}$$

式中，n 为热传导面的法线方向，λ 为热导率，单位为 W/（m · ℃）。仅由分子的随机运动引起的热传导，称为分子热传导，热导率 λ 为 10^{-1} 量级。例如：在 101325Pa 气压、10℃时，纯水的 λ=0.582W/（m · ℃），30℃时，λ=0.607W/（m · ℃），即随温度的升高而增大，水的热导率是液体中除水银之外最大的。由于水的比热容很大，所以尽管其热导性好，但水温的变化相当迟缓。海水的热导率 λ 比纯水的稍低，且随盐度的增大略有减小，主要与海水的组成成分有关。

（4）饱和蒸汽压

对于纯水而言，所谓饱和蒸汽压，是指水分子由水面逃出和同时回到水中的过程达到动态平衡时，水面上水汽所具有的压力。蒸发现象的实质就是水分子由水面逃逸而出的过程。对于海水而言，由于存在盐度，单位面积海面上平均的水分子数目要少，减少了海面上水分子的数目，因而使饱和蒸汽压降低，限制了海水的蒸发。因此，同样的温度下，海水的饱和蒸汽压比纯水的要低。饱和蒸汽压也是淡化工程设计的必要参数，特别是热法淡化工艺。

（5）沸点与冰点

海水中存在多种离子，可以认为海水是多种无机盐的混合稀溶液，根据稀溶液依数性原理可知海水的相关性质会与纯水不同，比如蒸汽压会比纯水的低。

沸点是指液体（纯液体或溶液）的蒸气压与外界压力相等时的温度。如果未指明外界压力，可认为外界压力为 101.325kPa。由于海水的饱和蒸汽压比纯水的要低，要使其蒸汽压达到外界压力，就得使其温度超过纯水的沸点，所以海水的沸点总是比纯水的沸点高，这种现象称为海水沸点升。海水的沸点升值 Δt_b 与温度 t（单

位为℃）和盐度 S 的关系如下：

$$\begin{aligned}\Delta t_{\rm b} &= 0.528764S + 0.826030\times10^{-2}St - 0.315082\times10^{-6}St^2 \\ &+0.320553\times10^{-1}S^2 - 0.14437\times10^{-3}S^2t + 0.184416\times10^{-5}S^2t^2\end{aligned} \tag{6-5}$$

海水沸点升高仅与温度和海水中溶液盐的含量有关，而与溶质的本性无关，海水盐度越高，温度越高，沸点升高越多。大型热法海水淡化装置中，不同效（级）间温差很小，为 2～3.5℃，沸点的差异直接关系到温度梯度，因此，在设计时必须要考虑海水沸点升的影响。表 6-4 是盐度为 35‰ 的海水在不同温度下的蒸汽压和沸点升值。

表 6-4　盐度为 35‰的海水在不同温度下的蒸汽压和沸点升值

温度 /℃	蒸汽压 /kPa	沸点升值 /℃	温度 /℃	蒸汽压 /kPa	沸点升值 /℃
30	4.256	0.325	120	199.113	0.590
40	7.397	0.350	140	362.457	0.660
50	12.362	0.377	160	620.038	0.735
60	19.962	0.405	180	1006.308	0.817
70	31.311	0.433	200	1561.191	0.906
80	47.524	0.463	220	2329.577	1.003
90	70.323	0.493	240	3362.129	1.111
100	101.634	0.524	260	4713.872	1.232

6.2　海水淡化技术概况

6.2.1　技术分类

海水淡化又称为海水脱盐，也就是从海水中提取淡水的技术和过程。根据被分离出物质的不同，淡化技术可以分为两大类：一类是将水从海水中分离出来，另一类是将盐分从海水中分离出来，如图 6-1 所示。海水中盐的质量分数通常低于 4%，但这并不意味着将盐从海水中分离出来得到淡水的方法更容易。由于技术的限制，将水从海水中分离出来的方法相比将盐从海水中分离出来的方法更有效。将水从海水中分离出来的方法又可按是否发生相变而分成两类，发生相变过程的主要有蒸馏法、冷冻法等，不发生相变过程的主要为反渗透。根据海水淡化分离方法的不同，又可以将淡化技术分为两大类：热法海水淡化技术和膜法海水淡化技术，如图 6-2 所示。

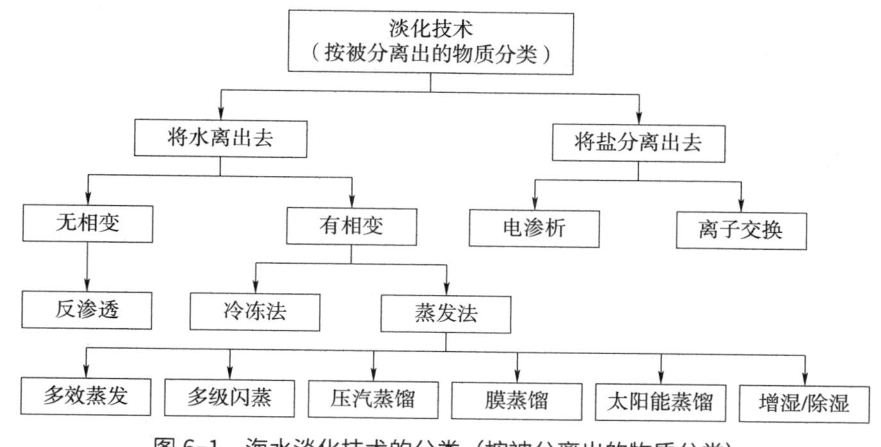

图 6-1　海水淡化技术的分类（按被分离出的物质分类）

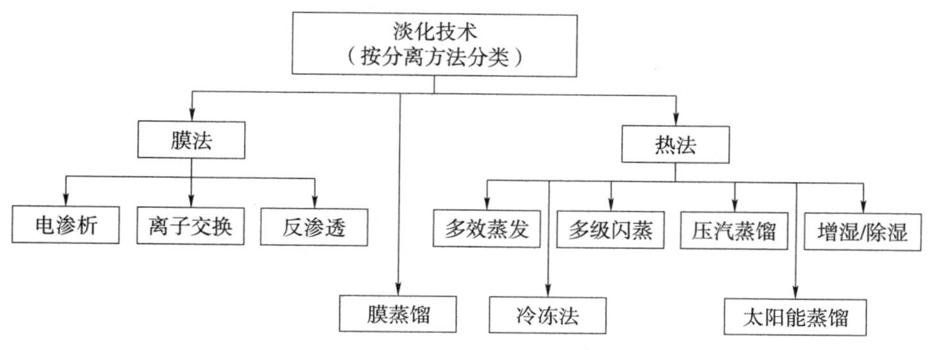

图 6-2　海水淡化技术的分类（按分离方法分类）

6.2.1.1　膜法海水淡化技术

反渗透（RO）是目前主流的一种膜法海水淡化技术，其原理是在渗透压力驱动下，溶剂（水）通过半透膜进入膜的低压侧，而溶液中的其他组分（盐）被阻挡在膜的高压侧，并随浓缩水排出，从而达到有效分离的过程。反渗透海水淡化技术主要利用的是反渗透膜的选择透过性，从而实现对海水中淡水的富集。经过 60 多年的研究、开发和产业化，反渗透技术日渐成熟，已广泛用于海水和苦咸水淡化、纯水和超纯水制备、浓缩纯化以及水回用等领域。反渗透技术的特点是将进料水中的水和离子分离，从而达到纯化和浓缩的目的。该过程无相变，一般不需要加热，工艺过程简单，能耗低，操作和控制容易，应用范围广泛。反渗透膜使用寿命一般为

3～5年。

电渗析（ED）是在直流电场的作用下，离子透过选择性离子交换膜而迁移，从而使电解质离子自溶液中部分分离出来的过程。电渗析所用到的离子交换膜通常是由高分子材料制成的对离子有选择透过性的薄膜，主要分阳离子交换膜和阴离子交换膜两种。阳离子交换膜表面带有阴离子基团，而阴离子交换膜表面带有阳离子基团。电渗析最简单的操作单元称为膜堆，它可以构成一个脱盐室和一个浓缩室。一个膜堆的工作效率较低，因此在实际应用中是将几百个膜堆串联起来同时工作以提高效率。电渗析器的主要部件为阴、阳离子交换膜，隔板与电极三部分，隔板构成的隔室为液体经过的通道，淡水经过的隔室为脱盐室，浓水经过的隔室为浓缩室。若电渗析器各系统进液都为NaCl溶液，在通电情况下，淡水隔室中的Na^+向阴极方向迁移，Cl^-向阳极方向迁移，Na^+与Cl^-就分别透过阳离子交换膜和阴离子交换膜迁移到相邻的隔室中去。这样，淡水隔室中的NaCl溶液浓度便逐渐降低。相邻隔室，即浓水隔室中的NaCl溶液浓度相应逐渐升高，从电渗析器中就能源源不断地流出淡化液与浓缩液。

6.2.1.2 热法海水淡化技术

蒸馏是一个传热过程，其关键问题是找到非常经济的在大量水和蒸汽间传递热量的方法。标准大气压下，蒸发1kg水需要2256kJ的能量，如果每1000kJ的燃料成本为2美元，那么每小时蒸发1kg水的成本为4.5美元，因此，从经济上考虑，生产1kg需要2256kJ的能量。三种蒸馏过程可实现上述过程，包括多效蒸馏、压汽蒸馏、多级闪蒸。

多效蒸馏（MED）又称多效蒸发，是一个典型的化工单元操作。因为一般蒸发过程的产品为浓缩液，而海水淡化的产品为蒸汽凝结成的淡水，类似从蒸馏塔顶获取有价值的轻馏分，因此多效蒸发在海水淡化领域习惯称作低温多效。

压汽蒸馏（MVC）是将蒸发过程所产生的二次蒸汽，经压缩提高温度，再作为加热蒸汽使用的淡化过程，其主要目的是充分利用二次蒸汽中的焓值。蒸发过程所产生的二次蒸汽具有较高的焓值，如果将其轻易地冷凝或排弃，将是能量的极大浪费。用机械压缩机将其稍加压缩，提高其压力后再输入到系统中去，蒸汽压力提高之后其饱和温度也随之相应提高，因此输入系统后可以作为加热热源使用，从而构成一个闭路循环，大量的热量在系统内循环，与蒸汽喷射器不同的是，MVC不需外部提供热源，仅消耗电能，不需冷凝器和冷却水，因而适合在有电网的偏远地区使用。

多级闪蒸（MSF）是目前最常用的海水淡化方法之一，起步于 20 世纪 50 年代末，是针对最早的多效蒸发传热管结垢严重的缺点而发展起来的。多级闪蒸技术是通过加热至一定温度的海水依次在一系列压力逐渐降低的容器中实现闪蒸汽化，然后再将蒸汽冷凝后得到淡水的过程。该过程中原料海水先被加热，然后引入闪蒸室进行闪蒸，闪蒸室的压力控制在低于进料海水温度对应的饱和蒸汽压下，当热海水进入闪蒸室后由于过热而急速部分气化，从而使热海水温度降低，产生的蒸汽冷凝后即为淡水。多级闪蒸技术上成熟可靠，成本适中，过程中加热面和蒸发面分开，这样使得传热面上的结垢减少，垢层的积累变得缓慢。该技术开发出来后迅速替代了传统多效蒸馏，在中东产油国有大规模的海水淡化应用，在未来的海水淡化领域中仍将继续发挥重要的作用。

6.2.2　应用现状

反渗透（RO）、低温多效（MED）和多级闪蒸（MSF）海水淡化技术是国际上已商业化应用的主流海水淡化技术。总体趋势是膜法使用率超过热法，且该趋势越来越明显。尽管膜法海水淡化通常需要复杂的预处理技术和专业的运行维护，但造水成本方面的优势意味着这些不利因素可以被忽略，且膜法供水及应用的灵活性更高。而多级闪蒸和低温多效成本较高，且不适用于能源成本补贴较低及不具备廉价低压蒸汽的地区。

我国已掌握反渗透和低温多效海水淡化技术，相关技术达到或接近国际先进水平。如图 6-3 所示，截至 2020 年底，全国应用反渗透技术的工程 118 座，占总工程规模的 65.32%；应用低温多效技术的工程 15 座，占总工程规模的 34.25%；

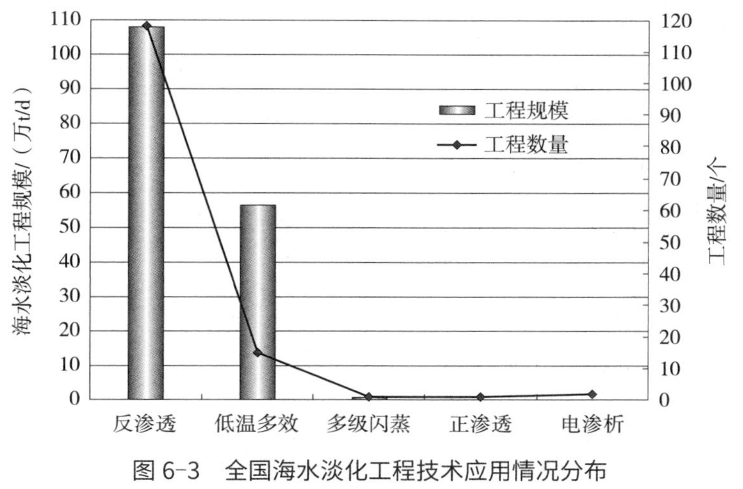

图 6-3　全国海水淡化工程技术应用情况分布

应用多级闪蒸技术的工程1座，占总工程规模的0.36%；应用正渗透技术的工程1座，占总工程规模的0.03%；应用电渗析技术的工程2座，占总工程规模的0.04%。2020年，新增海水淡化工程全部采用反渗透技术。

6.2.3 主流海水淡化技术对比

反渗透海水淡化技术是近20年来发展速度最快的海水淡化技术，在国际上市场占有率已经超过65%，新建海水淡化工程以反渗透技术为主。蒸馏海水淡化技术是最为传统和成熟的海水淡化技术，其中多级闪蒸技术在中东的产油国家发挥着重要作用，并且陆续还有新的大型工厂开工建设。低温多效技术是后于多级闪蒸发展起来的热法海水淡化技术，但由于政治的原因，长期不能进入阿拉伯国家这个海水淡化的主要市场，但是低温多效技术电耗低的特点使其在新工程中开始占有一定的市场。

目前，主流海水淡化技术仍旧处于进一步提升过程中。热法淡化技术重点在设备的耐腐蚀性、结垢控制及降低能量消耗、制造成本等方面进行改进；反渗透技术重点提高膜的可靠性，提高水通量，降低操作压力，并开发具有更好性能的新膜和减缓膜衰减的新方法。两种技术的主要差别如下：

（1）对原料水量的需求

蒸馏海水淡化工艺对原料海水的需求波动较大，在水温较低的情况，对原海水的需求量为产水量的2～3倍；在夏季水温较高的情况下，对原海水的需求量超过产水量的4～6倍。

反渗透工艺对原料海水的需求量比较稳定，一般为产水量的3倍左右。

（2）原水水质波动对系统的影响

蒸馏工艺对原料水水质波动的承受能力较强，原料水水质波动一般不会影响装置的正常运行。

反渗透工艺对原料水水质波动的承受能力较差，尤其当海水富营养化、受油污污染时，系统容易受到污染，从而导致工程不能正常运行。

（3）装置启动速度

蒸馏装置的启动速度较慢，从预热到装置稳定运行一般需要几个小时；反渗透装置启动快捷，一般需要几分钟到十几分钟。

（4）对低温海水的承受能力

蒸馏装置对低温海水的承受能力较强，只要海水温度高于冰点，就可以供装置使用。反渗透工艺对海水温度敏感，一般来讲，海水温度降低 1℃，系统产量将降低 2%～3%。当海水温度低于 5℃时，反渗透系统无法正常运行。

（5）产水水质

蒸馏装置产品水的含盐量一般小于 10mg/L，经混床或 EDI（纯水和超纯水制备技术）处理就可以作为高压锅炉补水；反渗透工艺产品水的含盐量一般在 500mg/L 以内，经过二级反渗透效处理后才可以达到蒸馏装置产品水的水质。

（6）产量的可调节性

蒸馏装置产水可调性强，可以在额定值的 40%～110% 内稳定运行；反渗透工艺不宜过分降低产水量，以避免反渗透膜受到污染。

（7）系统稳定性

蒸馏装置对环境的适应能力强，故障率低，维护工作量小；反渗透工艺对环境相对敏感，故障率和维护工作量相对偏高。

（8）经济性分析

在不考虑贷款利息情况下，一般膜法海水淡化工程的制水成本为 4.1～5.4 元 /t，其中电力成本及折旧是造水成本中最大的两部分。对于热法海水淡化来说，热力成本对制水成本影响很大，一般万吨级低温多效海水淡化的造水比可以达到 10，如果低温多效海水淡化厂能与电厂等有低品位蒸汽的热源厂合建时，蒸汽的成本能降到 30 元 /t 以下，这样，制水成本中蒸汽的费用则不足 3 元 /t，低温多效海水淡化的造水成本与膜法较为接近，如果不具有廉价的热力资源，由于蒸汽的市场价一般在 100 元 /t 以上，低温多效海水淡化成本中仅热力成本就达到 10 元以上，这是一般认为不适合建设热法海水淡化，而多级闪蒸虽然具备处理量大的特点，但其能源、蒸汽量消耗过高，故不考虑采用多级闪蒸技术。

主流海水淡化技术特点对比见表 6-5。

表 6-5　主流海水淡化技术特点对比

类型	反渗透	低温多效	多级闪蒸
产品水水质 /（mg/L）	300～500	5～10	5～10
操作温度 /℃	5～40	<70	≈110
总能耗 /（$kW \cdot h/m^3$）	4.0～6.0	8.0～10.0	9.0～11.0
原水预处理	要求高	要求低	要求低
腐蚀结垢倾向	较小	较小	较大
建造材质	较低	较高	较高

6.3 海水淡化关键技术研究

6.3.1 海水淡化脱盐处理技术

6.3.1.1 反渗透脱盐技术

6.3.1.1.1 基本原理

渗透是指稀溶液中的溶剂（水分子）自发地透过半透膜（反渗透膜或纳滤膜）进入浓溶液（浓水）侧的溶剂（水分子）流动现象。如图 6-4 所示，将相同体积的低浓度盐水和高浓度盐水分别置于半透膜两侧，稀溶液中的溶剂将自然透过半透膜而自发向浓溶液一侧流动，即发生渗透现象。在这一过程中，当渗透达到平衡时，浓溶液侧的液面会高出稀溶液侧液面一定高度，形成压差，即为渗透压。当浓溶液侧施加压力大于渗透压时，溶剂的流动方向将与原来渗透方向相反，开始从浓溶液侧向稀溶液侧流动，这一现象成为反渗透。反渗透脱盐技术就是利用上述原理，利用增压泵将原海水增压后，借助半透膜的选择截留性，将海水中盐分截留在浓溶液侧，而在淡溶液侧获得高质量的纯水。

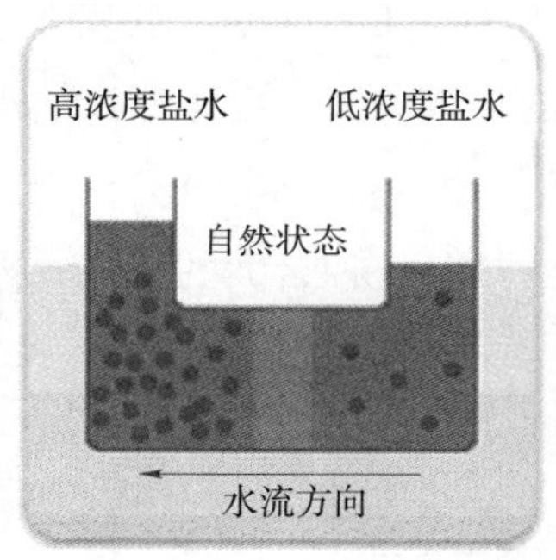

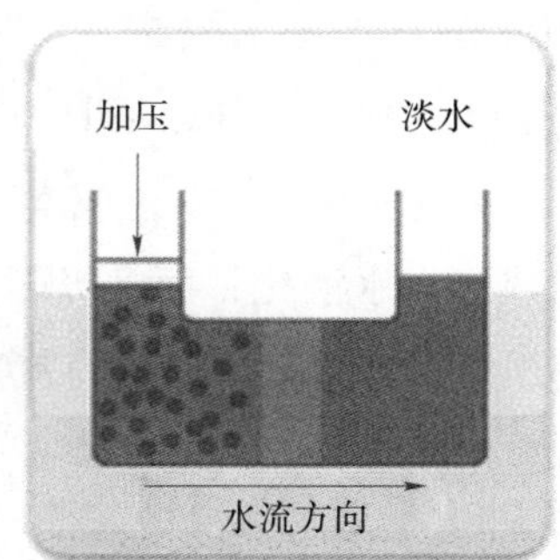

图 6-4　反渗透原理示意图

反渗透膜是反渗透脱盐技术的核心，主要分成两大类：醋酸纤维素膜和芳香族聚酰胺膜。膜外形有片状、管状和中空纤维状。反渗透膜的选择透过性与组分在膜中的溶解、吸附和扩散有关，其分离规律如下：

（1）一般情况下，分离无机物易于有机物，但对于相对分子质量大于 100 的有机物分离和去除效果也很好；

（2）分离溶解在水中电解质更易于非电解质物质；

（3）在分离电解质物质时，被分离物质所带电荷越高，则分离效果就越好（即对 3 价离子分离效果优于 2 价离子分离效果，同样对 2 价离子分离效果要优于 1 价离子分离效果）；

（4）无机离子的脱除效果受其特有的水合离子数和水合离子半径的影响，水合离子半径越大无机离子越容易被脱除；

（5）在分离非电解质时，分子越大越容易被分离；

（6）溶液中的气体容易透过膜，故对氨、氮、二氧化碳、氧、硫化氢等物质脱除率较低。

6.3.1.1.2　技术特点

反渗透脱盐技术高效节能，过程无相变，一般不需加热，工艺过程简单，应用范围广泛。但由于受到渗透压的影响，其应用的浓度范围有所限制，另外对膜结垢、膜污染、原水 pH 和氧化剂的控制要求严格。技术特点如下：①过程为无相变，能耗低；②工程投资及造水成本较低；③装置紧凑，占地较少；④操作简单，维修方便；⑤反渗透的预处理要求严格，反渗透膜需要定期更换；⑥在海水温度低的情况下需加热处理，如无可利用热源加热海水，其制水成本将大幅提高。

反渗透海水淡化适用范围广泛，可处理水源为海水、苦咸水，甚至包括中水、部分无机工业废水，淡化规模涵盖大、中、小型。

6.3.1.1.3　反渗透淡化系统设计

（1）基本设计要求

由于反渗透膜具有阻挡无机盐离子的作用，因此反渗透技术可以应用于海水淡化领域。一般来说，反渗透淡化系统由反渗透膜、高压泵、能量回收装置、管路系统、电控系统及其他辅助系统等组成。各装置和子系统宜按模块化设计，就近布置，对于连续供水的海水淡化系统，其反渗透膜装置的设计数量应不少于 2 套。

（2）工艺设计

a）设计水温的确定

反渗透膜与超滤膜一样，产水量与温度基本上呈线性关系，透水能力随温度的升高而增大，产水量随温度的上升而增加，一般为温度每升高 1℃产水量增加 3%。因此，在工程设计中应考虑工作现场原海水的实际温度，特别是在我国北方地区海水温度随季节的变化较大，冬季海水温度低于 0℃，则必须考虑温度的调节，对原海水进行加热。水温的变化会影响反渗透膜的产水量，产水量的设计应采用膜厂商提供的水温校正系数校正。因此，反渗透淡化系统的设计温度应按照一年中的最低温度进行设计，建议系统在 5～40℃运行。

b）膜元件选择及排布方式的确定

在设计反渗透系统时，应根据进水含盐量、进水污染可能、所需系统脱盐率、产水量和能耗要求来选择膜元件尺寸，当系统产水量大于10GPM（$2.3m^3/h$）时，选用直径为8in① 的膜元件，当系统产水量较小时则选用4in或2.5in膜元件。

应根据系统用途、原水条件、设备空间限制、系统产水规模及系统水回收率等诸多因素，综合选定膜元件数量及基本排列方式。应用8040型膜元件的大中型系统，一般采用内置6～7支膜元件的RO压力容器（在超大型系统中，也可采用内置8支8040膜元件的RO压力容器）。在应用4040型膜元件的小型系统中，每个压力容器内置4040型膜元件数量一般为1～3支。

c）膜平均通量及水回收率的确定

膜平均通量设计值f［L/（m^2·h）］的选择可以基于现场试验数据、以往的经验或参照设计导则所推荐的典型设计通量值，结合原水水源特性和给水的SDI（淤泥密度指数）测试值进行选取，见表6-6。

表6-6　各海水膜生产厂商的设计导则

设计导则		产品厂家				
		陶氏	海德能	东丽	科氏	沃顿
沉井/（MF/UF）	给水（SDI_{15}）	<3	<3	<4	<5	3
	浊度/NTU	<0.1	<0.1	<0.1	<1	
	平均通量/［L/（m^2·h）］	13～20	10～17	15～19		
	单只膜回收率/%	8	10	8	8	10
	TOC/ppm②		<2			
	BOD/ppm		<4			
	COD/ppm		<6			
表面取水	给水（SDI_{15}）	<5	<4	<4	<5	3
	浊度/NTU	<0.1	<0.1	<0.1	<1	
	平均通量/［L/（m^2·h）］	11～17	8～13.6	12～16		
	单只膜回收率/%	8	10	8		10
	TOC/ppm		<2			
	BOD/ppm		<4			
	COD/ppm		<6			

① 1in=25.4mm。

② 1ppm=0.0001%。

反渗透淡化系统的产水水质应根据进水水质、水温、操作压力、水回收率和膜元件性能等因素通过设计计算确定。当对反渗透产水的溶解性总固体、pH、硼含量等有进一步要求时，应在工艺设计中采取相应的措施。

反渗透淡化系统的初始脱盐率应不小于 99%。脱盐率按式（6–6）计算：

$$R=\left(1-\frac{c_{\mathrm{p}}}{c_{\mathrm{f}}}\right)\times 100\% \tag{6-6}$$

式中：R——脱盐率；

c_{p}——产水溶解性总固体浓度，mg/L；

c_{f}——进水溶解性总固体浓度，mg/L。

反渗透海水淡化系统的水回收率应不小于 35%。水回收率按式（6–7）或式（6–8）计算：

$$Y=\frac{Q_{\mathrm{p}}}{Q_{\mathrm{f}}}\times 100\% \tag{6-7}$$

或

$$Y=\frac{Q_{\mathrm{p}}}{Q_{\mathrm{p}}+Q_{\mathrm{c}}}\times 100\% \tag{6-8}$$

式中：Y——水回收率；

Q_{p}——产水流量，$\mathrm{m^3/h}$；

Q_{f}——进水流量，$\mathrm{m^3/h}$；

Q_{c}——浓水流量，$\mathrm{m^3/h}$。

单支膜组件运行水回收率的设计见表 6–7。

表 6–7　反渗透设备单支压力容器（膜组件）运行水回收率

40in 膜元件数量 / 压力容器	1	2	3	4	5	6	7
海水淡化 膜组件最大水回收率 /%	10	19	27	34	41	47	52

d）压力容器数量的确定

将产水量设计值 Q_{p} 除以膜平均通量设计值 f，再除以所选元件的膜面积 S_{E}，就可以得出膜元件数量 N_{E}：

$$N_{\mathrm{E}}=\frac{Q_{\mathrm{p}}}{f\cdot S_{\mathrm{E}}} \tag{6-9}$$

将膜元件数量 N_E 除以每支压力容器可安装的元件数量 N_{EpV}，就可以得出圆整到整数的压力容器的数量 N_V：

$$N_V = \frac{N_E}{N_{EpV}} \tag{6-10}$$

对于大型系统，常常选用 6～7 芯装的压力容器。目前，世界上最长的压力容器为 8 芯装。对于小型或紧凑型的系统，可以选择较短的压力容器。

e）系统级数、段数和排列的确定

级（pass）是在反渗透淡化系统中，给水（或产水）流经由增压泵和膜组件等组成的系统数。级的数量主要取决于对产水的要求，目前，海水膜的脱盐率均在 99.5% 以上，一般反渗透淡化系统采用进水一次通过式，一级排列的产水 TDS 可达到 200mg/L 左右，可以基本满足生活饮用水要求。然后根据产水用途的不同再确定二级处理工艺。

段（stage）是在反渗透淡化系统中，给水（含浓水）每流经一组膜组件为一段。段的数量是系统设计回收率、每一支压力容器所含膜元件数量和进水水质的函数。系统回收率越高，进水水质越差，系统就应该越长，即串联的膜元件就应该越多。在海水淡化系统中很少采用多段处理，通常采用一段式排列，也有膜公司提出两段式的高回收率系统，但是在实际的应用中却很少。另外，在一些小系统中为了提高回收率也采用多段式排列。

相邻段压力容器的数量之比称为排列比，采用常规 6 膜元件 / 列外壳时，相邻两段之间的排列比通常接近 2∶1。如果采用较短的压力容器时，应该减低排比。确定排列比的目的是使连段的水通量保持平衡。因为第一段操作压力高、渗透压相对较低，水通量大，而第二段进水流量降低，就需要减少膜的数量来保证水通量的平衡。另外一个因素是第一段的进水流量和最后一段每支压力容器的浓水流量。应根据产水量和回收率确定进水和浓水流量，第一段配置的压力容器数量必须为每支 8in 膜元件的压力容器提供 8～12m^3/h 的进水量，同样，最后一段压力容器的数量也必须使得每一支 8in 膜元件压力容器的最小浓水流量大于 3.6m^3/h。在设计反渗透系统时，应根据系统用途、原水条件、设备空间限制、系统产水规模及系统水回收率等诸多因素，来综合选定反渗透压力容器内置膜元件数量和膜组件的基本排列方式。

f）膜系统的分析与优化

每一家反渗透膜生产厂商都提供针对自己生产的反渗透膜的计算机系统分析设

计软件，可根据选择的膜元件，采用计算机系统分析软件对装置膜组件的排列方式、膜元件型号、产品水流量、水回收率、系统给水压力、浓水压力、膜元件压力降、给水渗透压进行计算和优化，验证浓水系统中各种难溶物质饱和度、LSI（朗格利尔饱和指数）或 S&DSI（史蒂夫和戴维斯稳定指数）数值和产品水品质等数据是否达到要求，最终得到优化的系统设计。

反渗透淡化系统的优化主要从以下几个方面考虑：

a）系统工作压力

在产水流量一定时，工作压力是决定系统能耗的最主要因素，主要由膜元件的性能、回收率、数量、排列方式所决定。

b）浓差极化指数

该指数是反映系统流程中产水与浓水径流合理性的系统参数，是表征难溶盐与有机物污染强度的重要参考指标，由膜元件的数量、排列方式、回收率所决定。

c）膜通量均衡度

膜通量失衡将导致膜元件的流量负荷与污染负荷的失衡。应尽量保持反渗透系统的膜通量均衡，一般采用系统首末端的元件通量比两个参数表征。

d）难溶物质饱和度指数和结垢趋势安全指数

该指数是反映反渗透膜内结垢倾向的重要指标。难溶盐饱和度以难溶物质溶度积表示，结垢倾向采用 LSI 和 S&DSI 指数表示，见表 6-8。

表 6-8 浓水系统难溶盐饱和度极限和结垢趋势安全指数控制

项目	$CaSO_4$	$SrSO_4$	$BaSO_4$	SiO_2	CaF_2	LSI	S&DSI
不加任何药剂	0.8ksp	0.8ksp	0.8ksp	0.8ksp	$<4.0\times10^{-11}$	<−0.2	<−0.2
投加 SHMP	1.2ksp	8.0ksp	40ksp	1.0ksp	$<4.0\times10^{-9}$	<+0.5	<+0.5
投加 PTP−0100	2.3ksp	8.0ksp	60ksp	240ppm	100ksp	<+2.5	<+2.5
投加 MDC150	3.5ksp	35ksp	105ksp	125ppm	13000ksp	<+3.0	<+3.0
投加 MDC200	2.5ksp	30ksp	65ksp	125ppm	100ksp	<+2.5	<+2.5
投加 MSI300	2.5ksp	30ksp	65ksp	240ppm	100ksp	<+2.5	<+2.5
投加 MDC220	3.0ksp	30ksp	105ksp	125ppm	13000ksp	<+3.0	<+3.0

（3）设备设计

a）能量回收系统

反渗透能量回收系统主要包括高压泵和能量回收装置，在一些小型系统中出于对设备造价的考虑，也可直接由高压泵提供能量回收。

根据反渗透淡化系统计算软件给出的结果可以计算出反渗透进水流量和所需的压力值，工程设计的高压泵及能量回收装置必须满足这两个条件。

根据系统规模大小，可根据表 6-9 选择不同形式的能量回收系统。

表 6-9　能量回收系统选择参数

浓水流量范围 /（m^3/h）	能量回收系统
＜5	SWPE、Clark pump
5～10	SWPE、PX
＞10～100	PX、HTC、iSave
＞100	PX、Dweer、HTC、HPB

① PX 系统

PX 系统主要包括 PX 能量回收装置、高压泵、增压泵和给水泵。

• PX 能量回收装置

根据系统浓水的流量，进行 PX 能量回收装置型号的选择，当一台能量回收装置不能满足要求时，应选择多台并联。

• 高压泵

高压泵和 PX 能量回收装置及增压泵并联共同为反渗透淡化系统提供动力，采用 PX 能量回收装置可以减少高压泵的供水流量，此时的高压泵流量为反渗透产水流量与 PX 能量回收装置泄漏流量之和。

高压泵的扬程必须满足反渗透膜的进水要求，反渗透进水压力在系统优化设计时已经完成，这里特别提出的是由于 PX 系统采用的是浓海水与原海水直接进行功交换的原理，其浓海水与原海水直接接触会有一定的混合，造成原海水 TDS 的上升，最大可达 3%。因此，在进行反渗透设计时输入的含盐量应该按照原来的 1.03 倍进行计算。高压泵的扬程按式（6-11）计算：

$$H=(p_1-p_2)\times 10^6/(9.8\rho)+H_1+h_1 \qquad (6\text{-}11)$$

式中：H——高压泵扬程，m；

p_1——反渗透进口需要的压力，MPa；

p_2——高压泵吸入口压力，MPa；

H_1——反渗透进口与高压泵出口的高度差，m；

h_1——高压泵出口到反渗透进口所有管路、设备的阻力损失，m；

ρ——输送介质密度，kg/m^3。

• 增压泵

增压泵的作用是弥补高压海水经过反渗透膜和 PX 能量回收装置的压力损失，使经过 PX 能量回收装置加压的海水与经过高压泵加压的海水达到压力平衡。

增压泵的流量按式（6-12）计算：

$$Q_b=Q_1-Q_2 \tag{6-12}$$

式中：Q_b——增压泵流量，m^3/h；

Q_1——反渗透浓水出口流量，m^3/h；

Q_2——PX 能量回收装置泄漏流量，m^3/h。

增压泵的扬程按式（6-13）计算：

$$H_b=\Delta H_1+h_2 \tag{6-13}$$

式中：H_b——增压泵扬程，m；

ΔH_1——反渗透膜最大压力损失，m；

h_2——增压泵出口到反渗透进口所有管路、设备的阻力损失，m。

• 给水泵

设置给水泵的目的是给 PX 能量回收装置和高压泵入口提供一定的压力，PX 能量回收装置的原海水入口需要至少 0.2MPa 的压力，而高压泵的进口一般也要求为正压。

可以设计一台给水泵为 PX 能量回收装置和高压泵供水，也可以设置两台分别为能量回收和高压泵供水。

给水泵的流量按式（6-14）计算：

$$Q_f=Q_p/Y \tag{6-14}$$

式中：Q_f——给水泵流量，m^3/h；

Q_p——反渗透产水出口流量，m^3/h；

Y——水回收率，%。

给水泵的扬程按式（6-15）计算：

$$H_f=(p_3-p_4)\times 10^6/(9.8\rho)+H_2+h_3 \tag{6-15}$$

式中：H_f——给水泵扬程，m；

p_3——PX 能量回收装置进口需要的压力，MPa；

p_4——给水泵吸入口压力，MPa；

H_2——PX 能量回收装置进口与给水泵出口的高度差，m；

h_3——给水泵出口到 PX 能量回收装置进口所有管路、设备的阻力损失，m；

ρ——输送介质密度，kg/m^3。

② HTC 系统

HTC 系统主要包括 HTC 能量回收装置和给水高压泵。

• HTC 能量回收装置

HTC 能量回收装置在反渗透淡化系统中有三种用法，作为段间增压泵和级间增压泵使用在海水淡化工程中的实际应用很少，在本书中不予介绍。在海水淡化工程中应用最为普遍的是作为增压泵与高压泵串联使用。

HTC 能量回收装置增加的压力 Δp 按式（6–16）计算：

$$\Delta p=(p_5-p_6)\times N_t\times Y_1 \tag{6–16}$$

式中：Δp——HTC 能量回收装置增加的压力，MPa；

p_5——HTC 能量回收装置浓水入口压力，MPa；

p_6——HTC 能量回收装置浓水排出压力，MPa；

N_t——HTC 能量回收装置能量转换效率，%；

Y_1——反渗透浓水流量和进水流量比，%。

• 给水高压泵

HTC 系统中给水高压泵流量为反渗透进水总流量。

给水高压泵的扬程按式（6–17）计算：

$$H_h=(p_1-p_t-p_7)\times 10^6/(9.8\rho)+H_3+h_4 \tag{6–17}$$

式中：H_h——给水高压泵扬程，m；

p_1——反渗透进口需要的压力，MPa；

p_t——HTC 能量回收装置提供的压力，MPa；

p_7——给水高压泵吸入口压力，MPa；

H_3——反渗透进口与给水高压泵出口的高度差，m；

h_4——给水高压泵出口到反渗透进口所有管路、设备的阻力损失，m；

ρ——输送介质密度，kg/m^3。

b）反渗透管路及结构

反渗透淡化系统的管路和结构设计也是影响反渗透淡化系统的关键因素。根据多年的工程实践，在反渗透淡化系统的管路和结构设计过程中需要注意以下几个问题：

①大中型反渗透系统的压力容器一般单独布置在膜架上，布置的压力容器过高时应考虑采用升降机进行膜元件的装卸。对于小型反渗透装置的压力容器布置的最高高度要求是应能方便装卸膜元件。反渗透装置的管路、阀门、仪表的布置应便于操作和调节。

②在单元产水量大于 30t/h 的反渗透装置中，应选用装有 6 支 8040 型膜元件的压力容器（也可选用可装有 7 支膜元件的容器）。无论怎样，在设计时都应考虑到在反渗透装置运行（受压）时，压力容器将根据具体压力情况有所伸长（装有 6 支 8040 膜元件的反渗透压力容器伸长距离一般在 10～15mm），同时压力容器的直径也会稍微有所增大（一般在 0.3～0.5mm）。因此，在反渗透装置组件和管道固定时，应注意不能限制反渗透压力容器的正常膨胀，否则将引起压力容器的翘曲。一旦压力容器翘曲，将可能会引起内置膜元件的 U 形密封圈的泄漏而产生沟流和连接膜元件的连接件内置 O 形圈的密封泄漏。

③反渗透装置设计时，在产水管路系统中应尽可能避免设备在运行时产生或存在背压。也就是反渗透膜在任何时候都不允许承受反压。因为背压的产生可能会使膜元件的膜袋黏合线破裂，造成膜元件的永久性损坏。一般反渗透膜元件允许的静背压必须小于 5psi[①]。另外，由于膜袋黏合线的破裂是由于膜袋两侧的压差过高所致，而并非流量原因，所以在反渗透出水系统中设置逆止阀等手段均不能彻底解决问题（因逆止阀不能瞬间关闭，也不保证绝对零回流）。大型装置的产水管道上应安装爆破膜装置。装设爆破膜一是为了防止运行管理人员疏忽，在设备运行时忘记打开产水出口阀门（产品水出口装设阀门是为了在对系统进行膜元件清洗做关闭使用）；二是防止系统出现意外而导致背压过高，造成反渗透膜的永久性损坏。

④反渗透装置设计应保证其在运行和清洗期间，单个膜元件的压力降必须小于 15psi，因为作用在膜元件上的压降过大会导致元件膜卷伸出，进而造成膜元件膜卷凸出及膜袋的机械破损。

（4）电控设计

反渗透淡化系统主要控制仪表设置见表 6-10，主要阀门设置见表 6-11。

① 1psi=6.895kPa。

表 6-10　反渗透淡化系统主要控制仪表设置

仪表类型	仪表位置	作用
温度	反渗透给水管路	监测给水温度，具有相应的超限报警
流量仪表	产品水管路	监测产品水流量
	浓水管路	监测浓水流量
	给水管路	监测给水管路
压力仪表	压力表用于测量保安过滤器的压降	一般控制在 0.1MPa 之内，提示运行管理人员及时更换滤芯
	水泵进出口的压力、高压泵进出口压力	保证在反渗透高压泵进水压力低于或高于设定值时报警停泵，保证系统安全运行。系统启动时，控制系统缓慢升压
	膜元件进口压力、浓水排放压力	监测反渗透膜系统的压力损失，判断污染状况
pH 计	给水管路，加酸点后	在线监测加酸后进水 pH，监测反渗透清洗系溶液 pH 变化
电导率仪	给水管道	监测原水电导率变化，计算脱盐率
	产品水管道	监测产品水水质，计算脱盐率
氧化还原电位仪	进水管路，还原剂加入点后	监测系统进水的游离氯
取样口	在进水、浓水及产水管线上（每支压力容器上）均应设置取样口	评估反渗透系统的性能表现及故障排除
	能量回收的浓海水进出口，原海水进出口	评估系统的性能表现及故障排除

表 6-11　反渗透淡化系统主要阀门设置

阀门类型	阀门位置	作用
球阀、蝶阀、截止阀	整个系统进水总管水	当必须维修或保存系统时，起切断作用
止回阀	水泵出口端	防止水锤
止回阀 泄压阀	产水管路上防止产水压力超过进水压力的止回阀和对应的压力泄放阀	防止背压产生破坏膜元件
球阀、截止阀	浓水管路上设置回收率的浓水流量控制阀	浓水流量的控制和能量回收装置背压调节
球阀、蝶阀	产水管线	用于清洗或开机时排放不合格产水
球阀、蝶阀	进水和浓水管旁路	用于连接清洗系统

（5）辅助系统设计

a）化学清洗系统设计

清洗系统由清洗水泵、清洗水箱 / 池、清洗保安过滤器、温度表、加热装置、管路阀门及控制系统组成，典型流程如图 6-5 所示。清洗水箱的材质可以是聚丙烯或玻璃钢（FRP），确定清洗水箱 / 池大小（$V_{清洗}$）的大致方法是将空的压力容器的体积（$V_{压力容器}$）与清洗液循环管路的体积（$V_{管路}$）之和再加上一定的余量（一般为 20%）。即

$$V_{清洗}=(V_{压力容器}+V_{管路})\times 1.2 \tag{6-18}$$

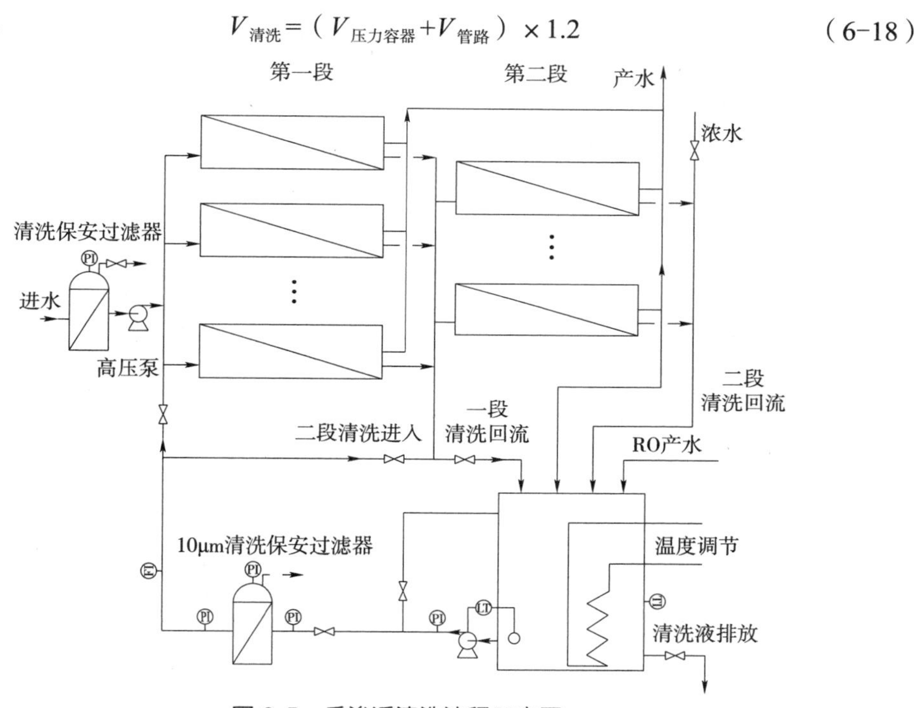

图 6-5　反渗透清洗流程示意图

清洗水泵的大小根据表 6-12 的流量和压力再加上管路和滤芯的压力损失来选择。清洗水泵的材质至少必须是 316 不锈钢或非金属聚酯复合材料。

表 6-12　高流量循环期间每支压力容器建议流量和压力

清洗压力 /bar①	膜元件直径 /in	每支压力容器的流量值 /（m^3/h）
1.5 ～ 4.0	2.5	0.7 ～ 1.2
1.5 ～ 4.0	4	1.8 ～ 2.3
1.5 ～ 4.0	6	3.6 ～ 4.5
1.5 ～ 4.0	8	6.0 ～ 9.1
1.5 ～ 4.0	8	8.0 ～ 10.2

① 1bar=0.1MPa。

清洗保安过滤器的过滤精度为 10μm。

在清洗过程中应按规定维持清洗液的 pH 和温度恒定。由于低温下清洗的化学动力性极低，清洗液温度不应低于 15℃。

b）反渗透停机冲洗系统设计

冲洗系统由冲洗水泵、冲洗水箱 / 池、管路阀门及控制系统组成。冲洗水泵与清洗水泵的流量相同，扬程可略低或相同，根据具体情况设置。冲洗用水采用反渗透产品水，水箱材质可以是聚乙烯、聚丙烯或玻璃钢（FRP），可以与产品水池合用，也可单独设置。确定冲洗箱大小的方法是满足将海水完全置换出即可（一般采用冲洗 5～10min）。

c）阻垢性能试验系统设计

①基本原理

通过周期浓缩循环测试方法评价阻垢剂对钙垢的阻垢性能。每个循环周期分为循环运行和浓缩运行两个过程。循环运行过程中反渗透产水和浓水均全部回流至进水调节水箱。浓缩运行过程中，反渗透产水排走，浓水回流至进水调节水箱。通过添加 NaOH 调节海水 pH，并经过周期浓缩运行，促使反渗透进水在膜表面加速成垢，添加不同阻垢剂后成垢的时间和程度会有不同，由此判断阻垢剂的阻垢性能。

②试验用水和试剂

反渗透海水淡化工程现场通常要对进入反渗透淡化系统中的海水进行预处理，主要通过次氯酸钠杀菌、絮凝沉降、砂滤和超滤等方式除去海水中的微生物、有机物、颗粒物等杂质，避免反渗透淡化系统发生污堵。试验用水宜采用反渗透海水淡化实际工况原水经预处理后的海水，进水水质应符合表 6-13 的要求。当试验单位无法及时获得现场海水的情况下，可以采用符合反渗透淡化系统进水水质要求的配制海水进行试验，试验前应对配制水的主要成分和含量进行分析。

表 6-13　反渗透淡化系统进水水质要求

浊度 NTU	SDI_{15}	余氯 mg/L	总铁 mg/L	pH
＜1	＜5	＜0.1	＜0.1	3～10

除另有规定，试验中所需标准溶液、制剂及制品，应使用分析纯试剂，且应符合 GB/T 6682《分析实验室用水规格和试验方法》中三级及以上水的规定。氢氧化钠溶液的配制，称取 2.8g 氢氧化钠，溶于蒸馏水中并稀释到 1L，贮存于聚乙烯瓶中。

③试验装置

试验装置主要包括原水储水箱、原水泵、进水调节水箱、控温换热器、进水泵、高压泵、加药设备、保安过滤器、反渗透膜组件、监测仪表、控制系统、管道及阀门等，且应符合 GB/T 19249《反渗透水处理设备》的要求。装置组成如图 6-6 所示。

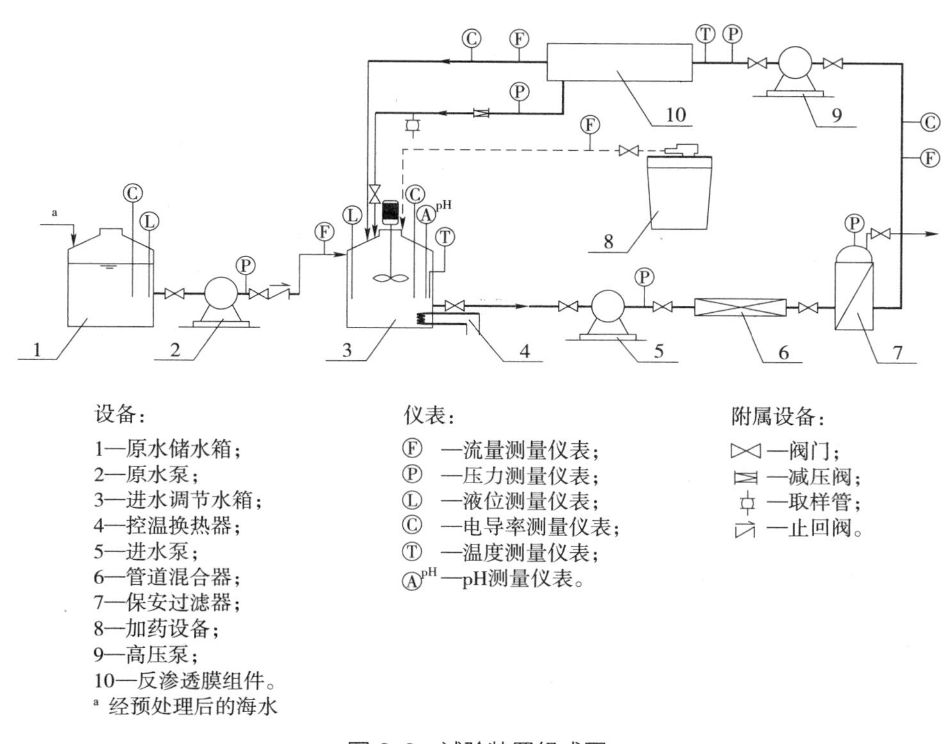

图 6-6　试验装置组成图

• 原水储水箱

原水储水箱材质的选择既要保证耐海水腐蚀，不应因与海水的接触而快速腐蚀失效，又要保证具有一定的结构强度。因此，原水储水箱进水应符合表 6-14 的反渗透海水淡化进水水质要求，可采用耐海水腐蚀的材质，如 S31603 不锈钢、玻璃钢及钢衬橡胶等。原水储水箱上宜设置电导率及液位的监测仪表，有效容积应不小于一次试验所需的最大海水体积。

• 进水调节水箱

进水调节水箱应能够接纳原水储水箱出水、反渗透组件回流产水及浓水，并能够对其搅拌和温度调节。进水调节水箱应采用耐海水腐蚀的材质，如 S31603 不锈钢、玻璃钢及钢衬橡胶等，并设置电导率、pH、温度、浊度及液位的监测仪表。进水调节水箱有效容积应不小于500L，且大于系统水容积及进水泵最低起泵液位的要求。进水调节水箱应配置进水管、产水回流管、浓水回流管、排空管、取样管等，进水管、产水回流管及浓水回流管应延伸到箱内有效液面以下，且应避免设置在泵吸入口周围。进水调节水箱上应设置机械搅拌装置，搅拌有效功率宜大于8W/m^3，可调节转速，搅拌桨材质宜采用耐海水腐蚀的不锈钢。

• 保安过滤器

保安过滤器的过流能力应与反渗透淡化系统产水能力匹配，材质宜采用耐海水腐蚀的不锈钢，过滤精度不应小于5μm。

• 反渗透膜组件

反渗透膜组件宜采用海水反渗透膜及压力容器，反渗透膜材质及性能应与实际工况相同。压力容器的设计压力应不小于8.3MPa，进出水口布置方式应便于系统安装及膜组件更换。

• 水泵

各水泵流量、压力及功率应符合设置点的运行要求，过流部分的材质宜采用耐海水腐蚀的不锈钢。各水泵宜选用立式泵，高压泵应选用柱塞泵，且最大连续出口压力不应小于8.0MPa。

• 监测仪表

监测仪表应适用于海水水质特点及变化，长期运行应安全可靠。压力测量仪表应配置压力缓冲器，其量程满足设置点的最高压力要求，测量精度等级不宜大于1.0%。温度测量仪表量程应满足0～100℃，测量精度不宜大于±1℃。流量测量仪表量程应满足设置点的最大流量要求，最小分度值小于控制值的±2%。海水电导率测量仪表量程应满足10～150mS/cm，测量精度±0.01mS/cm。产水电导率测量仪表量程应满足1～3000μS/cm，测量精度±1μS/cm。

• 控制系统

高压泵前后应分别设置低压保护开关、高压保护开关，自动保护高压泵运行。浓水管与产水管宜设置流量控制阀，以控制反渗透淡化系统运行。应设置高温报警装置，最高温度设定在40℃。电气控制，包括电流、电压等极限控制，应符合现行的规范标准。

• 管道及阀门

高压泵前的系统管道宜采用PVC材质，高压泵后的系统管道宜采用耐海水腐蚀不锈钢材质。阀门材质应与管道材质相同。管路的适当位置处应设置必要的检修阀门、管道转换阀门。水泵出口管道应设置止回阀，反渗透膜组件的浓水管上应设置减压阀。反渗透膜组件的浓水和产水管上均应设置取样口。

④试验准备

• 确定试验装置上的各种设备、管道、阀体、测量仪表、控制系统等处于正常状态；

• 试验前应对压力、流量、液位、温度、pH、电导率等测量仪表进行校准；

• 每次试验前应用脱盐水进行系统冲洗，必要时可进行化学清洗处理；

• 按试验方案所需浓度配制阻垢剂，放置于加药设备中备用；

• 对经预处理后的海水进行水质检测，分析检测项目见表 6-14；

• 在进水调节水箱中使用氢氧化钠（NaOH）将反渗透淡化系统进水 pH 调整到 9.0～10.0，静置 24h 后备用。

表 6-14　水质分析测试项目

项目	单位	检测结果	项目	单位	检测结果
pH	—		氯（Cl^-）	mg/L	
电导率	μS/cm		钙（Ca^{2+}）	mg/L	
浊度	NTU		镁（Mg^{2+}）	mg/L	
盐度	—		HCO_3^-	mg/L	
SS	mg/L		SO_4^{2-}	mg/L	
甲基橙碱度	mg/L		总氮（以 N 计）	mg/L	
酚酞碱度	mg/L		硫化物（以 S 计）	mg/L	
溶解性固体	g/L		总磷	mg/L	
COD_{Mn}	mg/L		总铁	mg/L	
BOD_5	mg/L		SDI_{15}	—	

⑤试验步骤

• 空白实验

开启进水泵，待进水压力稳定后，开启高压泵，并缓慢打开进水阀门，调整浓水阀门，固定回收率。开启控温换热器，反渗透进水温度应稳定在（30 ± 1）℃。开始第一个循环周期运行，反渗透产水和浓水全部回流至进水调节水箱，稳定运行 1h；排走部分产水，开始第二个循环周期运行；进行多个循环周期，直至浓水侧出现结垢，结束周期浓缩运行。每个循环周期内，应保持回收率不变，每次排走的产水体积应保持不变，确保浓缩梯度均匀变化。总的循环周期数宜根据浓缩梯度、结垢程度和阻垢剂性能调整，每个循环周期结束时应记录反渗透进水、产水和浓水的压力、流量及电导等参数。每个循环周期结束时应检测进水调节水箱中氯离子和钙离子的浓度，检测方法应符合 GB/T 33584.1《海水冷却水质要求及分析检测方法　第 1 部分：钙、镁离子的测定》和 GB/T 33584.3《海水冷却水质要求及分析检测方法　第 3 部分：氯化物的测定》的规定。

• 加药实验

将加药设备中的阻垢剂按照试验方案的使用剂量一次性投加到进水调节水箱中，搅拌均匀后按照空白实验中的要求操作。

• 装置清洗

试验结束后，应排空进水调节水箱中的海水，且使用脱盐水冲洗 15min，并按 GB/T 23954《反渗透系统膜元件清洗技术规范》的要求清洗反渗透淡化系统膜元件。

⑥试验数据处理

回收率按式（6–19）计算：

$$y=\frac{Q_{p,i}}{Q_{f,i}}\times 100\% \qquad (6\text{–}19)$$

式中：y——系统回收率；

$Q_{p,i}$——第 i 循环周期内系统产水流量，L/min；

$Q_{f,i}$——第 i 循环周期内系统进水流量，L/min。

氯离子和钙离子浓缩倍数分别按式（6–20）和式（6–21）计算：

$$K_{Cl,i}=\frac{c_{Cl,i}}{c_{Cl,0}} \qquad (6\text{–}20)$$

$$K_{Ca,i}=\frac{c_{Ca,i}}{c_{Ca,0}} \qquad (6\text{–}21)$$

式中：$K_{Cl,i}$——第 i 循环周期氯离子浓缩倍数；

$K_{Ca,i}$——第 i 循环周期钙离子浓缩倍数；

$c_{Cl,0}$——进水调节水箱初始给水中氯离子的浓度，mg/L；

$c_{Cl,i}$——第 i 循环周期水箱的给水中的氯离子的浓度，mg/L；

$c_{Ca,0}$——进水调节水箱初始给水中钙离子的浓度，mg/L；

$c_{Ca,i}$——第 i 循环周期水箱的给水中的钙离子的浓度，mg/L。

⑦绘制结果曲线

以循环周期数为横坐标，循环水箱中氯离子和钙离子浓缩倍数为纵坐标，绘制 $K_{Cl,i}$、$K_{Ca,i}$ 与循环周期数的关系曲线，如图 6–7 所示。正常情况下 $K_{Cl,i}$、$K_{Ca,i}$ 与循环周期数呈线性变化，一旦开始结垢，钙离子的浓缩倍数不再呈线性变化，会与氯离子浓缩倍数曲线偏离，偏离越大，结垢程度越严重。添加不同性能的阻垢剂发生偏离的时间和程度会有不同，由此判断阻垢剂的阻垢性能。

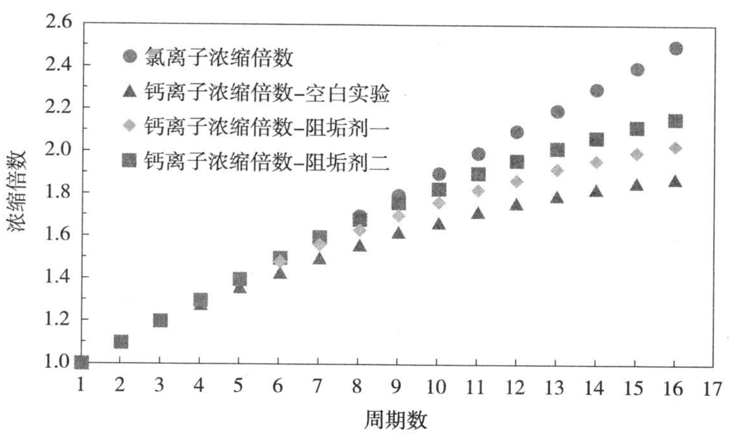

图 6-7　钙离子和氯离子浓缩倍数与周期数关系曲线

6.3.1.2　多效蒸馏脱盐技术

6.3.1.2.1　基本原理

多效蒸馏（MED）是在单效蒸馏的基础上发展起来的，又称多效蒸发或低温多效，主要原理是将蒸馏产生的二次蒸汽作为加热蒸汽来对下一效溶液进行加热，使蒸发所耗的热能充分得到再利用，以降低能耗。低温多效蒸馏海水淡化技术是指盐水的最高蒸发温度（TBT）不超过 70℃的海水淡化技术，其特征是将一系列的水平管降膜蒸发器或垂直管降膜蒸发器串联起来并分成若干组，用一定量的蒸汽输入通过多次的蒸发和冷凝，从而得到多倍于加热蒸汽量的蒸馏水的海水淡化技术。

低温多效海水淡化流程如图 6-8 所示。海水首先在冷凝器中预热并脱气，之后被分成两股物流，一股作为冷却水排放，另一股作为多效蒸馏过程的进料海水。加入阻垢剂的进料海水经喷嘴均匀分布到蒸发器的顶排管上，然后沿顶排管以薄膜形式向下流动，部分料液吸收管内冷凝蒸汽潜热而蒸发成为二次蒸汽，二次蒸汽在下一效的管内冷凝成产品水，剩余料液由泵输送到蒸发器的下一效组中，该组的操作温度比上一组略高。新的效组中重复喷淋、蒸发、冷凝过程，温度最高的效组中产生浓海水并排放。

生蒸汽被输送到第一效蒸发管并在管内冷凝，管外海水经加热后产生与蒸汽冷凝量基本等量的二次蒸汽。由于第二效操作压力略低于第一效，第一效中产生的二次蒸汽经过除沫后进入第二效蒸发管内。后面各效以此类推，蒸发、冷凝不断重复，直到最后一效蒸汽在冷凝器中被原料海水冷凝。第一效冷凝液返回蒸汽发生器，其余各效的冷凝液进入产品水罐，各效产品水罐相连，产品水呈阶梯状流动并被逐级闪蒸冷却，回收的热量可提高系统的总效率，产品水平均含盐量小于5mg/L。浓盐水从第一效呈阶梯状流入一系列浓盐水闪蒸罐中，过热的浓盐水被闪蒸以回收热量，经过闪蒸冷却的浓盐水最终排入大海。不凝汽在冷凝器中富集，由真空泵抽出。

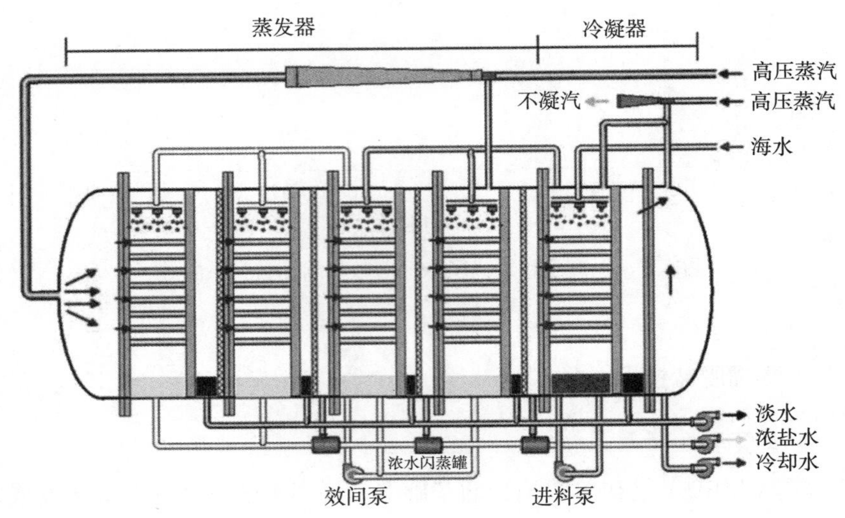

图 6-8　低温多效海水淡化流程示意图

在低温多效装置中通常配备有蒸汽喷射泵（TVC），主要作用是利用一定量的高压蒸汽引射某一效低压蒸汽，得到的混合蒸汽作为第一效的输入蒸汽，以此提高装置的造水比。

6.3.1.2.2　技术特点

低温多效装置可以用水平管，也可以是垂直管，蒸汽的冷凝和海水的蒸发分别在传热表面的两侧。低温多效装置中蒸发器效数的选择受进料海水温度、效间温差和最高蒸发温度的限制，通常设计为8～16效，这可以保证系统有较高的造水比（每吨生蒸汽可生产的产品水吨数）。低温多效过程操作温度较低，一定程度上减缓了设备的腐蚀及结垢问题，而且也使得使用廉价传热材料成为可能，同样的投资规模下可以安排更多的传热面积，以此提高系统的经济性。

低温多效海水淡化技术的主要特点如下：

（1）多效蒸馏的传热过程是沸腾和冷凝换热，是双侧相变过程，因此传热系数很高，对于相同的温度范围，多效蒸馏所用的传热面积要比多级闪蒸少。

（2）进料海水预处理简单。海水进入低温多效装置前只需经过筛网过滤和加入少量阻垢剂即可，而多级闪蒸必须进行加酸脱气，反渗透对预处理的要求更高。

（3）多效蒸馏的操作弹性较大，负荷范围从 110% 到 40%，皆可正常操作。

（4）低温多效通常与蒸汽热压缩装置结合，将中间某一效的低品位蒸汽压缩后重新输入第一效蒸发器，可提高装置造水比。

（5）操作温度低。蒸发顶端温度为 70℃，可避免或减缓设备的腐蚀和结垢，对材料要求较低。

（6）系统的热效率高，温差超过 30℃即可安排 12 以上的传热效率，从而达到较高的造水比。

（7）系统的操作安全可靠。在低温多效系统中，发生的是管内蒸汽冷凝而管外液膜蒸发，即使传热管发生了腐蚀穿孔而泄漏，由于汽侧压力大于液膜侧压力，也是淡水漏入浓水中，一般只影响产水量而不影响水质。

（8）水质好。产品水含盐量一般不超过 5mg/L，反渗透淡化装置要达到相同的水质至少需要两级反渗透。

6.3.1.2.3　多效蒸馏淡化系统设计

（1）基本设计要求

a）装置数量

多效蒸馏海水淡化工程的设计规模应视最终用户的需求而定，多效蒸馏淡化装置的单机日产水量从千吨级至万吨级不等，工程装机可以为单机或数台装置并联。为确保多效蒸馏淡化装置供水的安全性，满足用户产水量要求，避免因突发事故停机带来的损失，建议多效蒸馏淡化装置的数量宜在 2 台以上。

b）调节范围

根据工艺热平衡计算、蒸汽热压缩工况条件、设备投资效益、用户需求变化等因素，多效蒸馏海水淡化在额定负荷下工作效率最高，偏离额定载荷过多或过低均会造成产水效率下降。因此，将产水负荷变化范围规定在 50%～110% 区间，既可满足用户对供水需求的变化，也可保证设备的正常运行，避免投资效益大幅度下降。

c）产水电导率

根据国内外多效蒸馏淡化装置工程实例，产品水中总固溶物含量（TDS）一般低于 10mg/L。由于产品水水质需要在线监测产水电导率，所以确定产品水水质指标时使用电导率来表示，规定产品水电导率应低于 20μS/cm。

为提高系统的热能使用效率，多效蒸馏淡化装置的产水温度宜低于 40℃，产水水样应按照 GB/T 5750.2《生活饮用水标准检验方法　水样的采集与保存》规定的方法进行采集，采集的水样电导率应按照 GB 17323《瓶装饮用纯净水》的规定进行检测。

d）吨水耗电量

吨水耗电量是反映多效蒸馏淡化装置运行能耗和淡化系统设计合理性的参数。在装置正常运转的情况下，多效蒸馏淡化装置的总换热面积不变，其产水成本的高低将主要取决于造水比和相应的吨水耗电量。根据国外已有多效蒸馏淡化装置的工程案例，同时参考国内海水淡化装置设计及运行情况，装置吨水耗电量应小于 1.6kW · h/t，吨水耗电量的实际值应按照 GB/T 33542《多效蒸馏海水淡化装置通用技术要求》规定的方法进行检测。

e）热源条件

装置热源应根据现场所能提供热量的经济性和稳定性来确定。结合工程实际可提供的加热介质流量、压力、温度等参数来确定热源条件，在满足装置运行的前提下应优先采用低品位热源，具体工程的热源条件还应根据电水联产的经济效益、工艺特性、汽轮机、锅炉等汽源压力综合研究确定。

多效蒸馏淡化系统所用热源的最低条件参数如下：①若采用蒸汽作为热源，加热蒸汽最低压力宜在 0.02MPa 以上，加热蒸汽最低流量应满足系统额定产水量要求；②若采用热水作为热源，热水温度宜在 60℃以上，热水最低流量应满足系统额定产水量要求。

f）最高盐水温度

多效蒸馏淡化装置的最高盐水温度是根据海水中硫酸钙的溶解特性合理确定的，为保证装置在安全的温度下运行，盐水温度不宜高于 70℃。

随着海水预处理技术的不断进步，目前工程上通过采取合适的预处理工艺如纳滤、离子交换床、化学沉淀等方法，将原料海水中的结垢成分有效去除，大大降低硫酸钙结垢的可能性，多效蒸馏淡化装置的最高盐水温度可适当提高，但同时宜考虑对物料海水进行脱气处理。

g）防腐蚀与材料选择

多效蒸馏淡化装置中，凡接触腐蚀介质或对产水水质有影响的设备、部件、管道以及构筑物等均应采用耐腐蚀材料或进行防腐处理。对于存在不同材质间相互接触且具有腐蚀风险的情况应按照 GB 50726《工业设备及管道防腐蚀工程施工规范》的规定采取防腐措施。防腐蚀材料的选择应综合考虑介质温度、pH、含氧量、化学特性、流速等因素对材料腐蚀的影响，具体防腐技术要求及推荐材料见表 6-15。若多效蒸馏海水淡化系统产水用于饮用，产水输送设备及管道材质应符合 GB/T 17219《生活饮用水输配水设备及防护材料的安全性评价标准》的要求。

表 6-15　多效蒸馏淡化系统防腐技术要求及推荐材料

序号	设备	部件		材料及防腐方法	备注
1	澄清（沉淀）池	池体		耐海水混凝土、钢衬胶、钢衬玻璃钢	
		池体附件		PVC、PP、PS、FRP	
2	蒸发器	壳体		S31603、碳钢涂环氧涂料加阴极保护	
		管板		S31603	
		传热管		TA1、TA2、铜合金、特种铝合金	顶部 3～5 排宜采用钛管
		喷淋嘴		S31603、PP	
		捕沫器		S31603、PP	
		壳体外加强板		S30403、碳钢	
3	冷凝器	壳体		S31603、碳钢涂环氧涂料加阴极保护	
		管板		S31603	
		传热管		TA1、TA2、铜合金、特种铝合金	
		壳体外加强板		S30403、碳钢	
4	蒸汽热压缩器			S31603	
5	海水泵、浓盐水泵	泵壳、叶轮等过流部件		超级不锈钢	
	产品水泵	泵壳、叶轮等过流部件		S31603	
6	加药泵	泵头及过流部件		S30403、PVC	
7	管道	海水、浓盐水		S31603、FRP	
		产品水		S30403、FRP、PP	
		加药		S30403、PP	
		真空		S31603	
		蒸汽		S30403	
8	阀门	海水、浓盐水	阀体及过流部件	S25073、S31603	
		产品水、加药		S30403	
		真空		S31603	
		蒸汽		S30403	

（2）工艺设计

a）造水比

造水比是反映多效蒸馏淡化装置热量消耗情况的性能参数，需要综合装机容量、蒸汽压力及供气量、设备投资、蒸汽价格等因素，进行优化比较后确定，并按照 GB/T 33542《多效蒸馏海水淡化装置通用技术要求》规定的方法进行检测，应满足如下范围：

①不配备蒸汽热压缩设备的多效蒸馏淡化装置的造水比范围：3～7；

②配备蒸汽热压缩设备的多效蒸馏淡化装置的造水比范围：6～15。

b）消除蒸汽过热

多效蒸馏淡化装置宜采用喷水雾化闪蒸的方式消除蒸汽过热，以保证进入首效蒸发器的蒸汽为饱和状态。

c）海水布液

多效蒸馏淡化装置内部的海水布液宜按以下方式进行设计：

①根据海水布液密度的要求，合理确定布液进水流量、布液口间的水平与垂直距离、布液口与传热管束的高度以及与传热管束边缘的距离等参数；

②布液管路采用逐级分路、并行给水的方式；

③为防止管道震颤和变形，布液管路宜设置辅助支撑。

d）汽液分离

多效蒸馏淡化装置的汽液分离宜按以下方式进行设计：

①汽液分离元件宜采用丝网、折流板等结构形式；

②汽液分离器宜采用模块化设计，便于部件安装与检修；

③汽液分离器的捕沫面积和安装位置应根据汽液分离元件的结构形式、捕沫效率、蒸汽流速、蒸汽压降等来确定。

e）抽真空

多效蒸馏淡化装置所采用的抽真空是整个装置能否正常运行的关键，按以下方式进行设计：

①抽真空设备宜采用射汽抽气器、射水抽气器、机械式真空泵等；

②抽真空设备的抽气能力应满足装置运行对真空度的要求，抽真空设备启动后宜在 40～60min 内达到装置运行条件。

f）管路系统

多效蒸馏淡化装置中管路系统的材质较为复杂，依据管道传输介质可分为海水管路、淡水管路、蒸汽管路、药剂管路等，且各介质的温度、压力、流量、腐蚀性等也各不相同，因此对管道及配件的材质选用、安装和施工要求也不尽相同。管路系统设计应满足以下要求：

①管道布置应满足施工、操作、维修等方面的要求，管道布置设计应符合 HG/T 20549《化工装置管道布置设计规定》的规定；

②进出水管道穿过建筑物承重墙或基础时应预留开口，管道的位置不应妨碍生产操作、交通运输和建筑物的使用；

③进水与产水管道宜明设，排水管道不应在产水管道上方通过，当工艺有特殊要求时排水管道可暗设，但应便于安装和检修；

④高温管道设计时应充分考虑管道热膨胀所造成的应力影响，避免对相关设备造成破坏；

⑤供热管路宜采用并列双母管、环形双母管或其他功能的管路形式；

⑥管道设计时应考虑保温、防冻和防腐的要求，避免外界环境对管路系统产生不利影响；

⑦取样管道设计应满足取样口采集的水样具有代表性，避免取样管道出现死角或袋形管。

g）加药系统

多效蒸馏淡化装置的加药系统按以下要求设计：

①在物料海水中宜投加阻垢剂、杀生剂、消泡剂等化学药剂；

②加药系统的药液配置可采用水力循环、机械搅拌等方式；

③加药方式应采用计量泵输入方式，可采用单元制加药或母管加药；

④药液罐容积宜设计为一天的药剂使用量，对于现场配置的药液宜配置两个药液罐；

⑤药液罐应配置液位计、隔离阀、液位报警等仪器设备，同时应考虑底部排放措施，以便排空内部残存药液；

⑥药品储存应根据药品消耗量、药品特性、运输距离、供应和运输条件等因素确定，储存周期宜按 15～30d 设计。

（3）设备设计

a）多效蒸馏淡化装置的设备设计参数应符合 GB/T 33542《多效蒸馏海水淡化装置通用技术要求》的相关规定。设备布置应综合考虑取排水、蒸汽供应、场地尺寸、用户位置、检修维护、供电设施、安全消防等因素，设备布置的设计应符合 HG/T 20546《化工装置设备布置设计规定》的规定。

b）多效蒸馏淡化装置主要操作点应设有人行通道和平台，高位布置的通道应设有平台楼梯。

c）多效蒸馏淡化装置应设有可靠的密封措施，气密性应满足在装置达到设计压力后 12h 真空保持期间内部压力升高值小于 6kPa，具体检测方法应按照 GB/T 150.4《压力容器　第 4 部分：制造、检验和验收》的规定进行检测。

d）多效蒸馏淡化装置应设有保温层，保温层由绝热材料和耐盐雾腐蚀的外保护层组成。

（4）电控设计

为了保障多效蒸馏淡化装置安全、稳定运行，需要对装置的压力、温度、流量、液位、产水电导率等工况参数进行在线和远程监控。为确保各测量仪表以及传感器的准确性和适用性，依据实际工程的控制要求以及相关行业标准的技术规定，各测量仪表的具体精度指标要求如下：

a）电气系统的设计应符合 GB 50052《供配电系统设计规范》的要求。

b）配电室的防护等级不低于 GB/T 4208《外壳防护等级（IP 代码）》规定的 IP3X 级。

c）就地操作箱的防护等级不应低于 GB/T 4208《外壳防护等级（IP 代码）》规定的 IP55 级。

d）电气设备应进行接地、漏电保护措施，接地系统的设计应符合 GB/T 50065《交流电气装置的接地设计规范》的要求。

e）真空管路的仪表应满足耐负压要求，蒸汽管路的压力仪表应配置冷凝管。

f）就地指示仪表（温度、压力、流量、液位等）的精度等级不低于 1.5 级。

g）变送器的精度等级应不低于 0.5 级。

h）控制系统宜采用集中控制和现场控制两种方式，控制设备应预留网络通信接口，宜对控制器、网络、电源进行冗余配置。

i）防雷系统的设计应符合 GB 50650《石油化工装置防雷设计规范》的要求。

j）多效蒸馏淡化装置的主要检测仪表参数见表 6-16。

表 6-16　多效蒸馏淡化装置主要检测仪表参数

序号	测点名称	就地	远传 PLC 或 DCS			备注
			模拟量	开关量	报警	
1	加热蒸汽母管温度		√			a
2	加热蒸汽母管压力		√			a
3	加热蒸汽母管流量		√			a

表 6-16（续）

序号	测点名称	就地	远传 PLC 或 DCS			备注
			模拟量	开关量	报警	
4	蒸汽热压缩器入口蒸汽压力		√			
5	蒸汽热压缩器入口蒸汽温度		√		√	
6	首效加热蒸汽压力		√			a
7	首效加热蒸汽温度		√		√	a
8	物料海水母管流量		√		√	
9	各效物料海水流量		√			
10	首效凝结水温度		√			
11	末效产品水温度		√			
12	首效浓盐水温度		√		√	
13	末效浓盐水温度		√			
14	首效凝结水液位	√	√	√	√	a
15	末效产品水液位	√	√	√	√	a
16	末效浓盐水液位	√	√	√	√	a
17	冷凝器海水入口温度		√			a
18	冷凝器海水出口温度		√			a
19	冷凝器海水入口流量		√			a
20	冷凝器壳侧温度	√	√			
21	冷凝器壳侧压力	√	√		√	a
22	首效凝结水电导率		√		√	a
23	首效凝结水流量		√			a
24	产品水 pH		√			
25	产品水电导率		√		√	a
26	产品水流量		√			a
27	浓盐水流量		√			
[a] 表示产水规模小于 1000t/d 的多效蒸馏淡化系统应设置的测点。						

（5）辅助系统设计

a）产品水存储设施

多效蒸馏淡化装置的产品水存储设施设计应符合 GB 17051《二次供水设施卫生规范》的相关要求。产品水存储设施的储水容量应满足用户的需求，数量不应少于 2 座，位置宜靠近多效蒸馏淡化装置。产品水存储设施应控制最高水位和最低水位，并设置明显的水位显示设备。在环境温度低于0℃地区，应采取防冻措施。

b）浓盐水排放

①排放口选择

浓盐水排放口的位置应远离原海水取水口，以避免对原海水产生污染，并选择有利于浓盐水尽可能地向外海输送转移的位置。

②排放温度

与取水口处原海水的温度相比，浓盐水排放口处的温升不应超过10℃。

③排放要求

浓盐水排放口宜设置扩散装置，以加快浓盐水在海洋中稀释与扩散。浓盐水宜与多效蒸馏淡化系统的冷却海水混合后排放，以降低浓盐水的总固溶物浓度和温度。浓盐水排放污染物浓度限值应符合GB 18486《污水海洋处置工程污染控制标准》的要求，浓盐水污染物浓度应按照GB 18486《污水海洋处置工程污染控制标准》的规定进行监测。

c）冷却海水排放

多效蒸馏淡化装置中的冷凝器通常采用海水冷却方式，冷却海水排放的具体要求应符合HY/T 187.2《海水循环冷却系统设计规范　第2部分：排水技术要求》的相关规定。

冷却海水宜与多效蒸馏淡化装置产生的浓盐水混合排放，此方式既可以降低浓盐水的排放盐度，又可以减少冷却海水单独排放的建设投入。若厂址周边已建有海水冷却系统，多效蒸馏淡化系统的冷却海水排放宜纳入已有海水冷却系统中。

d）废水处理

对于多效蒸馏淡化系统所产生的废水，应根据水质（SS、重金属、COD、pH）、水量、种类等因素选择合理的废水处理工艺。系统所产生的废水宜优先送至工业废水处理站统一处理，废水处理后可达标排放，排放废水的水质应按照GB 8978《污水综合排放标准》规定的方法进行监测。对于含泥的废水宜采用污泥浓缩和脱水处理，污泥脱水后可送往灰场或专门设置的堆放场处置。

6.3.2 海水淡化后处理技术

6.3.2.1 基本原理

海水淡化水供给饮用水的主要问题是低矿化度，因此后处理的主要目的是对淡化水进行矿化，主要的矿化技术有石灰溶解法、石灰石溶解法、掺混法以及直接投加化学药品法。

6.3.2.1.1　石灰溶解法

石灰能增加水的硬度和碱度，但不会增加碳酸盐碱度，因此，这种方法不利于增加水的缓冲能力。此外，为了提高熟石灰的溶解效率，必须先对水进行酸化，因此，在添加熟石灰之前先将二氧化碳溶于水。熟石灰以浆液的形式投加，二氧化碳以液体的形式应用，在水中转化为 CO_2（aq）。

6.3.2.1.2　石灰石溶解法

与“直接加药”不同，石灰石的溶解过程发生在反应器中，反应器的目的是通过石灰石的溶解向水中引入钙离子和碳酸根离子，而不是过滤。为了促进碳酸钙的溶解，在将淡化水引入溶解反应器之前，必须先降低淡化水的 pH。在溶解反应器中，由于动力学的限制，实际上并没有达到热力学平衡，离开石灰石溶解反应器的淡化水，其 CCPP（碳酸钙沉淀势）值始终略为负值。因此，虽然碳酸钙的溶解在一定程度上提高了 pH，但还必须进一步提高 pH，这不仅是为了使水达到更合适饮用的 pH，还主要是为了提高 CCPP 值，即生产出能在管网内保持化学稳定性的水。

（1）酸化剂

硫酸和二氧化碳常用于降低淡化水的 pH。一般来说，如果没有廉价的二氧化碳来源（如经过处理的电厂废气），使用硫酸的成本更低、操作更简单。使用硫酸的优点是可以达到很高的碳酸钙溶解势，在这种条件下石灰石溶解速度很快，当淡化水流经反应器时能溶解相当多的石灰石，这样就可以使大部分未经处理的淡化水经旁路绕过反应器，然后与反应器的出水混合，大大降低了反应器的建设成本同时减小了占地面积。

（2）调整最终 pH

经过石灰石溶解反应器之后，淡化水的 pH 仍略低于 7.0，此时通常需要投加氢氧化钠来调节 pH。不过，在某些情况下，也可以通过控制脱除二氧化碳进行。但是只有在水离开溶解反应器时对大气中的二氧化碳仍明显过饱和的情况下，才可以通过脱除二氧化碳气体来提高 pH。因为该技术的基础是排放过量的二氧化碳，使其接近二氧化碳的水相 – 气相平衡。因此，这种方法只有在采用二氧化碳作为酸化剂时才可应用。通常，二氧化碳脱除步骤之后，pH 和 CCPP 值仍不够高。这种情况下，需要投加氢氧化钠进一步提高 pH。

（3）二氧化碳气体排放

采用二氧化碳作为酸化剂的石灰石溶解反应器，其运行压力通常高于大气压，这种反应器损失到大气中的二氧化碳是最小的。采用硫酸作为酸化剂的石灰石溶解反应器通常是开放式的，因为开放式的反应器成本更低，且更容易维护。在这种反应器中，溶解了相当数量的石灰石后，水的 pH 低，总溶解无机碳浓度相对较高，水对大气中的二氧化碳高度饱和。在反应器的出口，总溶解无机碳浓度较高，但 pH 也较高。因此，溶解的二氧化碳的浓度较低，不过，此时二氧化碳仍然存在过饱和。因此，采用硫酸作为酸化剂的开放式石灰石溶解反应器，会向大气中排放二氧化碳气体。二氧化碳气体的排放降低了水的酸度，使 pH 升高。因而，减少了其后调整 pH 所必需的氢氧化钠的用量，这样不但提高了碱度，而氢氧化钠的用量也较低。

6.3.2.1.3　掺混法

将淡化水与海水或苦咸水掺混，是一种增加淡化水中所需离子浓度的方法，这种方法成本很低，但会向水中引入其他不想要的物质。所有引入的盐的浓度与掺混水的组成和稀释的比例有关，在控制产水水质方面存在一定的局限性，因此，对于生活用水或农业用水，不建议采用掺混法。如果淡化水用于灌溉，掺入海水或苦咸水会使硼、氯离子浓度和钠离子浓度升高。地下水与淡化水掺混，可以作为后处理的补充工艺。通常认为，掺混主要向水中引入硬度和碱度，掺混法作为后处理工艺，一般还需 pH 调节。

6.3.2.1.4　直接投加化学药品法

“直接加药”指向水中直接注入化学药品，这些化学药品可能是以悬浮液的形式溶解在溶液中，或以浓缩液体的形式转化为二氧化碳气体并溶于水中。“直接加药”后处理单元常用的化学药品及溶解 1mol 化学药品水中相应离子的增加量和其他水质参数的变化结果见表 6-17。

表 6-17　“直接加药”法使用 1mol 单个化学品，Na^+、Cl^-、C_T、碱度和 Ca^{2+} 的增加量

溶解 1mol 药剂	增加量				
	Na^+	Cl^-	C_T	碱度	Ca^{2+}
	Equiv	Equiv	mol	Equiv	Equiv
CO_2 [a]	0	0	1	0	0
$NaHCO_3$	1	0	1	1	0
Na_2CO_3 [a]	2	0	1	2	0
$Ca(OH)_2$ [a]	0	0	0	2	2
$CaCl_2$ [a]	0	2	0	0	2
NaOH	1	0	0	1	0

[a] 1mol 药剂 =2Equiv（当量）。

直接投加化学药品法不但向水中增加了硬度，还增加了碱度，其主要优点是简单方便、投资成本相对较低、占地相对较小、可灵活调节产品水水质，可以达到较宽的水质范围。然而，这种方法也有缺点：由于化学品购置成本高或现场制备化学品的成本高而导致运行成本高，且不可避免地要添加不必要的离子。

6.3.2.2　系统设计

海水淡化后处理工艺选择应考虑工艺进水水质（淡化水水质）、工艺处理规模以及出厂水外供条件等要求，工艺流程如图 6-9 所示。

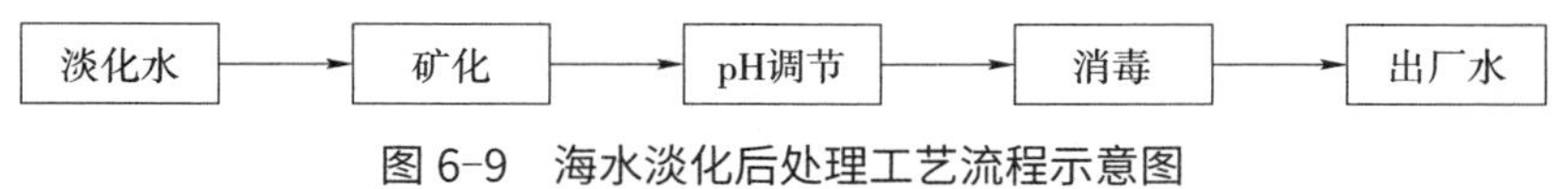

图 6-9　海水淡化后处理工艺流程示意图

6.3.2.2.1　工艺进水水质要求

海水淡化后处理系统的进水（淡化水）水质作为工艺选择的重要参考因素，应符合一定的要求。综合蒸馏法和反渗透法海水淡化工艺产水水质、居民生活饮用水要求，考虑技术指标的经济合理性后，最终确定海水淡化后处理工艺进水水质要求，见表 6-18。

表 6-18　海水淡化后处理工艺进水（淡化水）水质要求

项　目	单　位	指　标
温度	℃	≤40
pH	—	5.5～8.5
浑浊度	NTU	≤1
耗氧量（COD_{Mn} 法，以 O_2 计）	mg/L	≤3
溶解性总固体	mg/L	≤500

6.3.2.2.2　矿化单元

（1）石灰溶解法

石灰溶解法采用二氧化碳溶解石灰工艺，主要是增加淡化水中的 Ca^{2+} 浓度，降低对管道的腐蚀性。石灰采用粉状氧化钙，消石灰采用粉状氢氧化钙，纯度均应≥95%，通过螺杆泵向系统装置中投加，采用连续投加方式。二氧化碳溶解石灰工艺中所用二氧化碳的纯度应≥99.9%，采用连续投加方式进行投加。

二氧化碳溶解石灰工艺所用设备为石灰饱和器。石灰饱和器内宜投加混凝剂，药剂种类及加药量应根据淡化水水质、试验结果或参照相似条件的运行经验确定。

石灰饱和器排泥水排放时应进行相应处理以满足排放要求。石灰饱和器型式应根据淡化水水质、处理水量、出厂水水质要求等，并结合工程条件选用，应具有机械搅拌功能，水力负荷应在 0.8～1.8m^3/（m^2・h）之间。石灰饱和器设置不宜少于 2 台，当有 1 台设备检修时，其余设备应满足系统正常生产要求。

（2）石灰溶解法

石灰石溶解法采用二氧化碳溶解石灰石工艺或硫酸溶解石灰石工艺，所用的石灰石采用细颗粒碳酸钙，见表 6-19，所用的二氧化碳的纯度应≥99.9%，采用连续投加方式进行投加。

表 6-19　石灰石参数

项　目	单　位	指　标
粒径	mm	1.5～2.5
纯度	%	≥98

石灰石溶解法所用设备为石灰石接触器。石灰石接触器的型式应根据淡化水水质、处理水量、出厂水水质要求等，并结合工程条件选用，水力负荷应在 4～10m^3/（m^2・h）之间。石灰石接触器设置不宜少于 2 台（格），当有 1 台（格）检修时，其余设备应满足系统正常生产要求。石灰石接触器应设置专用冲洗设施，冲洗水源宜采用淡化水，冲洗方式应根据设备型式确定，宜每隔一周或两周冲洗一次，冲洗水排放时应进行相应处理以满足排放要求。

（3）掺混法

当海水淡化厂附近有其他供水水源时，可考虑采用掺混方法对海水淡化水进行矿化处理，但此处所指其他水源不能是经过处理的或未经过处理的海水或苦咸水，因为掺入海水或苦咸水会使硼、氯离子浓度和钠离子浓度升高，从而使淡化水水质变差。地下水与淡化水掺混，可以作为后处理的补充工艺。通常认为，掺混主要向水中引入硬度和碱度，掺混法作为后处理工艺，一般还需 pH 调节。

（4）直接投加化学药品法

当海水淡化后处理系统规模比较小或当地条件不具备时，可采用直接投加氢氧化钙与碳酸钠。此方法主要用于含碱度和游离二氧化碳的淡化水，这种水的特点是 pH 相对较低，水的缓冲能力较大，具有较强的溶解石灰的能力。

6.3.2.2.3　pH 调节单元

海水淡化系统生产的淡化水一般均显酸性，应设置 pH 调节工艺，可以通过投加氢氧化钠或石灰来实现，以达到控制腐蚀和满足饮用水水质标准的要求。

石灰石溶解法矿化工艺以外的其他矿化工艺之后可选择性设置 pH 调节工艺。由于 CO_2 溶液和氢氧化钠都具有一定的腐蚀性，因此，pH 调节设备应根据淡化水的性质采取相应的防腐措施。

6.3.2.2.4　消毒单元

海水淡化后处理系统消毒工艺的设计应符合 GB 50013《室外给水设计标准》的有关规定。海水淡化水后处理消毒工艺所用消毒剂宜选用次氯酸钠，但次氯酸钠不宜采用电解海水方法制取。

6.3.2.2.5　出厂水水质要求

（1）海水淡化后处理系统所产出厂水的水质应符合 GB 5749《生活饮用水卫生标准》的规定，其中与矿化有关的水质指标尚应根据当地输配水管网条件和矿化工艺特点经试验比较后确定细化范围。

（2）海水淡化后处理系统排放的废水应符合 GB 8978《污水综合排放标准》的规定。

（3）海水淡化后处理系统选用的材料应符合 GB/T 17219《生活饮用水输配水设备及防护材料的安全性评价标准》的规定。

（4）海水淡化后处理系统投加的药剂应符合 GB/T 17218《饮用水化学处理剂卫生安全性评价》的规定。

（5）海水淡化后处理系统在计算产水量时，若存在自用水量应扣除，自用水量包含系统冲洗及清洗用水等。

（6）海水淡化后处理系统的设计应符合 GB 50013《室外给水设计标准》的规定。

6.3.3　海水淡化工业用水水质要求

6.3.3.1　海水淡化出厂水用作工业用水的分类

工业用水种类繁多，不同的工业用水，对水质的要求各不相同。若以生活用水水质标准作为分界线，则工业用水水质可分为高于或等于生活用水水质和低于生活用水水质两类。

海水淡化水是由海水通过反渗透膜脱盐或蒸发脱盐获得的淡水，其纯度要高于（等于）常规生活用水水质，按照国内外水资源管理中普遍遵循的“高质高用、低质低用”原则，海水淡化水应按高于或等于常规生活用水水质来加以利用。

海水淡化出厂水的终端用户主要分为两类，一类是工业用水，另一类是生活用水。工业用水主要分为锅炉补给水、循环冷却水补充水和工艺用水三类。锅炉补给水水质要求严格，属于高纯工业用水范畴，以多级反渗透海水淡化工艺出水（或电除盐进水）水质为基准对各项指标进行确定。循环冷却水补充水和工艺用水水质要求宽松，属于普通工业用水范畴，以一级反渗透海水淡化工艺出水水质为基准对各项指标进行确定。

6.3.3.2 出厂水水质要求

当海水淡化出厂水作为工业用水水源时，出厂水水质应满足表 6-20 的规定。

表 6-20 海水淡化出厂水用作工业用水的水质要求

控制项目	单位	锅炉补给水水源	循环冷却水补充水及工艺用水水源
pH（25℃）	—	7.0～8.5	6.5～8.5
浑浊度	NTU	≤0.1	≤1.0
色度	度	—	≤15
溶解性总固体	mg/L	≤20	≤500
TOC	mg/L	≤0.5	≤2.5
总硬度（以 $CaCO_3$ 计）	mg/L	≤1.0	≤50
总碱度（以 $CaCO_3$ 计）	mg/L	—	≤20
氯化物	mg/L	—	≤250
硫酸盐	mg/L	—	≤20
铁	mg/L	≤0.01	≤0.3
锰	mg/L	≤0.01	≤0.1
二氧化硅（SiO_2）	mg/L	≤0.5	≤1.0
游离氯	mg/L	≤0.05	≥0.05

6.3.3.3 出厂水利用方式

（1）当海水淡化出厂水作为锅炉补给水水源时，达到表 6-20 中所列的控制指标后，还应根据锅炉工况对出厂水再做后续处理，直至满足锅炉用水水质指标要求。对于低压锅炉，终端水质应符合 GB/T 1576《工业锅炉水质》的要求；对于中压及以上等级锅炉，终端水质应符合 GB/T 12145《火力发电机组及蒸汽动力设备水汽质量》的要求。

（2）当海水淡化出厂水作为循环冷却水补充水和工艺用水水源时，达到表 6-20

中所列的控制指标后，还应根据不同生产工艺要求，确定是否增加后续处理工艺，终端水质应符合相关标准的要求。

6.3.3.4　取样与监测方法

（1）取样要求：水样取样点宜设在海水淡化厂出厂水母管。

（2）pH、浑浊度、色度、氯化物、游离氯等主要项目的监测频次不宜少于每日一次，其他项目的监测频次不宜少于每周一次。

（3）水质测定方法按表 6-21 的规定执行。

表 6-21　海水淡化工业利用出厂水水质测定方法

项目	测定方法
pH（25℃）	GB/T 5750.4（玻璃电极法）
浑浊度	GB/T 5750.4（散射法－福尔马肼标准）
色度	GB/T 5750.4（铂－钴标准比色法）
溶解性总固体	GB/T 5750.4（称量法）
TOC	GB/T 5750.7（仪器分析法）
总硬度（以 $CaCO_3$ 计）	GB/T 5750.4（乙二胺四乙酸二钠滴定法）
总碱度（以 $CaCO_3$ 计）	GB/T 15451（电位滴定法）
氯化物	GB/T 5750.5（硝酸银容量法）
硫酸盐	GB/T 5750.5（硫酸钡比浊法）
铁	GB/T 5750.6[a]（原子吸收分光光度法）
锰	GB/T 5750.6[b]（原子吸收分光光度法）
二氧化硅（SiO_2）	GB/T 12149（分光光度法）
游离氯	GB/T 5750.11（3,3’,5,5’－四甲基联苯胺比色法）

[a] 作为锅炉补给水时选用 GB/T 14427《锅炉用水和冷却水分析方法　铁的测定》规定的测定方法。

[b] 作为锅炉补给水时选用 GB/T 11911《水质　铁、锰的测定　火焰原子吸收分光光度法》规定的测定方法。

注：GB/T 5750.4《生活饮用水标准检验方法　感官性状和物理指标》
GB/T 5750.5《生活饮用水标准检验方法　无机非金属指标》
GB/T 5750.6《生活饮用水标准检验方法　金属指标》
GB/T 5750.7《生活饮用水标准检验方法　有机物综合指标》
GB/T 5750.11《生活饮用水标准检验方法　消毒剂指标》
GB/T 12149《工业循环冷却水和锅炉用水中硅的测定》
GB/T 15451《工业循环冷却水　总碱及酚酞碱度的测定》

6.3.4 海水冷却水排放要求

6.3.4.1 排放控制要求

6.3.4.1.1 排放水质要求

（1）海水冷却水排放水质应符合表 6-22 的规定。

表 6-22 海水冷却水排放水质要求

序号	水质指标	单位	限值	监控位置
1	悬浮物（SS）	mg/L	≤30	企业海水冷却水排放口或岸边竖井
			人为增加量≤20（有本底值的情况下执行）	
2	水温	℃	人为造成的海水温升夏季不超过当时当地 9℃[a]（10℃[b]），冬季不超过当时当地 12℃[a]（16℃[b]）	企业海水冷却水排放口或岸边竖井
			人为造成的海水温降不超过当时当地 5℃[c]	
			人为造成的海水温升或温降[c]夏季不超过当时当地 4℃，冬季不超过当时当地 3℃	混合区边缘
3	pH	—	6.0～9.0，同时不超出该水域正常变动范围的 0.5pH 单位	企业海水冷却水排放口或岸边竖井
4	化学需氧量（COD_{Mn}）	mg/L	≤7	
		mg/L	人为增加量≤2（有本底值的情况下执行）	
5	无机氮（以 N 计）	mg/L	≤1.0	
6	总余氯[d]	mg/L	＜0.1	
7	总铬[e]	mg/L	≤0.5	
8	六价铬[e]	mg/L	≤0.05	
9	铜[f]	mg/L	≤0.1	
10	锌	mg/L	≤0.5	
11	总磷（以 P 计）	mg/L	≤0.5	
			人为增加量≤0.05（有本底值的情况下执行）	
12	石油类[g]	mg/L	＜5.0	
13	急性毒性（$HgCl_2$ 毒性当量）	mg/L	0.07	

注：第 1～3、6、13 项适用于海水直流冷却水排放水质，第 1～13 项适用于海水循环冷却水排放水质。

[a] 适用于火电和其他行业。
[b] 适用于核电机组。
[c] 适用于以海水作为气化液化天然气（LNG）热源的行业。
[d] 在投加氯基杀生剂时检测总余氯。
[e] 在投加铬酸盐类缓蚀剂时检测总铬和六价铬的含量。
[f] 在投加含铜化学品和 / 或含有铜材质的冷却水系统中检测铜含量。
[g] 适用于炼油企业。

（2）海水冷却水宜独立排放。当确需与其他海水源的废水合流排放时，其他海水源的废水不应降低海水冷却水的排放水质；否则，应对其他海水源的废水进行处理。

（3）海水冷却水排放不得导致受纳水体表面出现油膜、浮沫和其他漂浮物质。

（4）同一排放口排放两种或两种以上不同类别的海水源废水，且每种废水的排放浓度又不相同时，混合废水的排放浓度按式（6-22）计算：

$$c_{混合}=\frac{\sum_{i=1}^{n} c_i Q_i Y_i}{\sum_{i=1}^{n} Q_i Y_i} \tag{6-22}$$

式中：$c_{混合}$——混合废水中某污染物最高允许排放浓度，mg/L；

c_i——不同工业废水某污染物最高允许排放浓度，mg/L；

Q_i——不同工业的单位产品基准排水量，m^3/（MW·h）或 m^3/t，未作规定的行业其单位产品基准排水量由地方环保部门与有关部门协商确定；

Y_i——产品 i 的产量，MW·h 或 t，以监测当月的日平均值计。

（5）海水冷却水不应导致纳污水域混合区以外生物群落结构的退化和改变。

（6）海水冷却水不应导致有毒物质在纳污水域沉积物或生物体中富集到有害的程度，即不应导致纳污水域沉积物质量不能满足 GB 18668《海洋沉积物质量》的规定、生物质量不能满足 GB 18421《海洋生物质量》的规定。

6.3.4.1.2　排放量要求

（1）海水冷却水单位产品基准排水量按表 6-23 的规定执行。

表 6-23　海水冷却水单位产品基准排水量

行业	冷却方式	限值	排放监控位置
火电	直流	＜120m^3/（MW·h）	排水量计量位置与污染物排放监控位置相同
	循环	＜3.0m^3/（MW·h）	
核电	直流	＜230m^3/（MW·h）	
	循环	＜6.0m^3/（MW·h）	
其他	直流	—	
	循环	＜3.0m^3/t	

（2）计算各类污染物的允许排放量时，应综合考虑排放口所在海域的水质状况、功能区的要求和周边的其他排放源。对实施污染物排放总量控制的重点海域，

确定海水冷却水中污染物的允许排放量时，应考虑该海域的污染物排放总量控制指标。

（3）海水冷却水排放水质指标最高允许排放负荷量按式（6-23）计算：

$$L_{负}=c\times Q\times 10^{-3} \quad (6-23)$$

式中：$L_{负}$——海水冷却水中污染物最高允许排放负荷，kg/（MW·h）或 kg/t；

c——海水冷却水中某污染物最高允许排放浓度，mg/L；

Q——单位产品基准排水量，m^3/（MW·h）或 m^3/t。

（4）海水冷却水排放水质指标最高允许年排放总量按式（6-24）计算：

$$L_{总}=L_{负}\times Y\times 10^{-3} \quad (6-24)$$

式中：$L_{总}$——海水冷却水中某污染物最高允许年排放量，t；

$L_{负}$——海水冷却水中某污染物最高允许排放负荷，kg/（MW·h）或 kg/t；

Y——核定的产品年产量，MW·h 或 t。

6.3.4.1.3　排放口要求

（1）海水冷却水排放口的选取和放流系统的设计应使冷却排放水的初始稀释度在一年 90% 的时间保证率下满足 GB 18486《污水海洋处置工程污染控制标准》的规定。

（2）海水冷却水的排放口宜离岸设置，选在有利于污染物向外海输移扩散的海域，并避开由岬角等特定地形引起的涡流及波浪破碎带。排放口不宜贴近潮间带，禁止漫滩排放。

（3）海水冷却水排放口的选址不应影响鱼类洄游通道，不应影响混合区外邻近功能区的使用功能。在河口区，混合区范围横向宽度不得超过河口宽度的 1/4。

（4）海水冷却水排放口型式经比选确定，尽可能减少海水冷却水影响范围。

（5）海水冷却水入海排放混合区的确定按 GB 18486《污水海洋处置工程污染控制标准》的规定执行。

（6）海水冷却水宜优先选择循环利用处置方式。

6.3.4.2　排放监测要求

（1）企业应在规定的监控位置，按 HJ/T 373《固定污染源监测质量保证与质量控制技术规范（试行）》的要求设置采样点，在污染物排放监控位置应设置排污口标志、排水量计量装置和水温监测装置。

（2）新建企业和现有企业安装污染物排放自动监控设备的要求，按 HJ/T 92《水污染物排放总量监测技术规范》的规定执行。

（3）对海水冷却水污染物排放情况进行监测的频次和采样时间等要求，按 HJ/T 92《水污染物排放总量监测技术规范》的规定执行。

（4）企业产品产量的核定，以法定报表为依据。

（5）企业应按照 HJ/T 373《固定污染源监测质量保证与质量控制技术规范（试行）》的规定，对排污状况进行监测，并保存原始监测记录。

（6）海水冷却水排放水质分析方法按表 6-24 的规定执行。

（7）初始稀释度的监测按 GB 18486《污水海洋处置工程污染控制标准》的规定执行。

（8）混合区的监测按 GB 18486《污水海洋处置工程污染控制标准》的规定执行。

表 6-24　海水冷却水水质分析方法

水质指标		分析方法	引用标准
悬浮物（SS）		重量法	GB 17378.4
水温		（1）温盐深仪（CTD）定点测温	GB/T 12763.2
		（2）表层水温表法	GB 17378.4
		（3）颠倒温度表法	GB 17378.4
		（4）温盐深剖面仪法	HY/T 147.6
		（5）数字测温仪法	HY/T 147.6
pH		玻璃电极法	GB 17378.4
化学需氧量（COD_{Mn}）		碱性高锰酸钾法	GB 17378.4
无机氮（以 N 计）[a]	氨氮	（1）靛酚蓝分光光度法	GB 17378.4
		（2）次溴酸盐氧化法	GB 17378.4
		（3）流动分析法	HY/T 147.1
		（4）便携式光谱仪法	HY/T 147.1
	亚硝酸盐氮	（1）萘乙二胺分光光度法	GB 17378.4
		（2）流动分析法	HY/T 147.1
		（3）便携式光谱仪法	HY/T 147.1
	硝酸盐氮	（1）镉柱还原法	GB 17378.4
		（2）锌－镉还原法	GB/T 12763.4
		（3）流动分析法	HY/T 147.1
		（4）便携式光谱仪法	HY/T 147.1

表 6-24（续）

水质指标	分析方法	引用标准
总余氯	（1）*N,N*- 二乙基 -1,4- 苯二胺滴定法	HJ 585
	（2）*N,N*- 二乙基 -1,4- 苯二胺分光光度法	HJ 586
总铬	（1）无火焰原子吸收分光光度法	GB 17378.4
	（2）电感耦合等离子体质谱法	HY/T 147.1
六价铬	二苯碳酰二肼分光光度法	GB 17378.4
铜	（1）无火焰原子吸收分光光度法（连续测定铜、铅和镉）	GB 17378.4
	（2）阳极溶出伏安法（连续测定铜、铅和镉）	GB 17378.4
	（3）火焰原子吸收分光光度法	GB 17378.4
	（4）电感耦合等离子体质谱法	HY/T 147.1
锌	（1）电感耦合等离子体质谱法	HY/T 147.1
	（2）锌试剂分光光度法	GB/T 33584.2
	（3）火焰原子吸收分光光度法	GB 17378.4
	（4）阳极溶出伏安法	GB 17378.4
总磷	（1）过硫酸钾氧化法	GB/T 12763.4
	（2）流动分析法	HY/T 147.1
石油类	（1）荧光光度法	GB 17378.4
	（2）紫外分光光度法	GB 17378.4
	（3）重量法	GB 17378.4
急性毒性（$HgCl_2$ 毒性当量）	发光细菌法	GB/T 15441

[a] 无机氮 = 氨氮 + 亚硝酸盐氮 + 硝酸盐氮。

注：有多种分析方法的水质指标，在测定结果出现争议时，以方法（1）的测定为仲裁结果。

GB/T 12763.2《海洋调查规范　第 2 部分：海洋水文观测》

GB/T 12763.4《海洋调查规范　第 4 部分：海水化学要素调查》

GB/T 15441《水质　急性毒性的测定　发光细菌法》

GB 17378.4《海洋监测规范　第 4 部分：海水分析》

GB/T 33584.2《海水冷却水质要求及分析检测方法　第 2 部分：锌的测定》

HJ 585《水质　游离氯和总氯的测定　*N,N*- 二乙基 -1,4- 苯二胺滴定法》

HJ 586《水质　游离氯和总氯的测定　*N,N*- 二乙基 -1,4- 苯二胺分光光度法》

HY/T 147.1《海洋监测技术规程　第 1 部分：海水》

HY/T 147.6《海洋监测技术规程　第 6 部分：海洋水文、气象与海冰》

第7章 矿井水综合利用关键技术及标准研究

矿井水作为我国非常规水资源利用的重要内容，已被纳入国家水资源统一配置。2013年以来，我国有关政府部门相继发布了《矿井水利用发展规划》《水污染防治行动计划》《黄河流域水资源节约集约利用实施方案》等文件，明确指出优化水资源利用结构，推进矿井水的综合利用和产业化发展。预期到2025年、2030年、2035年，煤矿矿井水利用率分别达到55%，70%，80%。加强矿井水处理与利用，不仅可以有效缓解水资源匮乏区水资源短缺问题，提高水资源循环利用效率，还能改善环境质量，避免环境恶化，这对于促进我国生态环境保护和经济持续健康发展具有重要意义。

7.1 矿井水利用现状与水质特征

7.1.1 矿井水利用现状

国外关于矿井水处理与利用技术领域的研究与应用比较早，并且已经取得较为理想的成果。在国外，煤矿矿井水处理被作为环保工作的重点，开采中产生的矿井水被视为一种伴生资源而非负担，矿井涌水量越大，盈利越多，经济效益就越大。多数国家对矿井水做适当的处理后，一部分用于煤矿生产用水和矿区生活用水等，一部分水达到排放标准，排入地表水系。

就美国而言，其境内矿井水多为酸性，主要采用碱性物质中和技术处理后排入地表水，而对于高硫酸盐问题多采用硫酸盐还原菌处理法。另外，美国利用人工湿地处理矿井水的方法因其土地资源优势取得了良好推广，该方法投资成本较低、易于管理，现已建成人工湿地处理系统超过400座，而且这种方法也在欧洲许多国家得到了很好应用。英国煤矿年排水量约36亿 m^3，其中42%用于工业用水，58%排

放到地表水系。该国矿井水处理主要解决以下三大问题：对含悬浮物矿井水进行沉降处理；对矿井水中铁化合物的去除；对矿井水中溶解盐的去除，采用化学试剂中和处理以及反渗透、冻结法进行脱盐处理。在日本，除部分矿井水用于洗煤外，大部分矿井水都是经沉淀处理去除悬浮物后排入地表水系。该国矿井水处理采用的技术一般包括固液分离技术、中和法、氧化处理、还原法、离子交换法等。在匈牙利，部分煤矿把矿井水直接卖给城市供水部门用于当地居民的生活饮用水，以获得可观的经济效益。

与国外相比，我国对煤矿矿井水处理与回用研究起步相对较晚。我国矿井水资源丰富，分布广，水源较稳定，具有很大的利用潜力。根据国家发展改革委印发的《矿井水利用发展规划》统计数据，2010 年我国煤矿矿井水排水量达 61 亿 m^3/ 年，加上非煤矿山排放矿井水，矿井水排放量约 72 亿 m^3/ 年，但矿井水平均利用率不足 25%。近年来，随着国民环保意识的加强及水资源可持续利用政策的实施，我国煤矿矿井水处理技术得到了迅猛发展，矿井水综合利用水平明显提升。目前，我国煤矿矿井水主要运用于以下几个方面：一是矿区工业生产用水，将矿井水资源用于煤矿内部生产使用，包括井下生产、喷雾降尘、地面选煤厂及锅炉房等生产方面，同时还有少量用于煤矿周边的电厂、煤化工及其他工业园区等；二是生活饮用与杂用水，主要是通过深度处理达到相应标准后用于矿区及周边居民日常生活用水；三是生态灌溉利用水，主要用于煤炭矿区沉陷区回灌、矸石场复垦绿化、小区绿化等方面；四是其他用水，如有些矿区利用矿井水源热泵技术将其用于供暖、供热和供冷等方面。

7.1.2 矿井水水质特征

根据水质类型，矿井水可分为含悬浮物矿井水、高矿化度矿井水、酸性矿井水、含有毒有害元素矿井水和洁净矿井水 5 类。

7.1.2.1 含悬浮物矿井水

煤矿开采过程中，煤粉和岩粉被带入地下水中（主要是煤粉），矿井水悬浮物含量增高，感官性变差，且一般由于悬浮物粒度较小，自然沉降速度较慢。含悬浮物矿井水中悬浮物含量每升为几十到几百毫克，少数超过 1000mg/L，但其他理化指标基本符合生活饮用水标准。我国多数矿井水为该类矿井水。

7.1.2.2　高矿化度矿井水

高矿化度矿井水多呈中性或偏碱性，矿化度可达为 1000～4000mg/L，最高甚至达 40000mg/L。该类矿井水中的 K^+、Na^+、Ca^{2+}、Mg^{2+}、SO_4^{2-}、HCO_3^- 含量较高，水体硬度大，水质苦涩，多数高矿化度矿井水呈中性或偏碱性，少数呈酸性。造成矿井水高矿化度的原因有很多，例如由于地下水与煤系地层中碳酸盐类岩层及硫酸岩层接触，该类矿物溶解于水，使矿井水中 Ca^{2+}、Mg^{2+}、HCO_3^-、CO_3^{2-}、SO_4^{2-} 增多。有的是酸性矿井水与碳酸盐类岩层中和，导致矿化度增高；有的矿区气候干旱，年蒸发量远大于降水量，造成地层中盐分较高，地下水矿化度也相应增高；也有少数矿区由于处于海水与矿井水交混分布区，因而矿井水盐分增多。高矿化度矿井水会导致土壤盐渍化，因此也不能用于农田灌溉，用作建筑用水时，也会影响混凝土质量。高矿化度矿井水主要分布在我国的淮南－淮北、山东西南部、陕西、内蒙古的东部、冀中、宁东和新疆等煤矿生产地。其中，淄博和巨野地区的矿井水盐度含量可达 2000mg/L 以上，新疆大南湖矿的矿井水盐度可达 22225mg/L。

7.1.2.3　酸性矿井水

酸性矿井水是指 pH 小于 6.5 的矿井排水，是硫化矿系（如煤矿、多金属硫化矿）在开采、运输、选矿及废石排放和尾矿储存等生产过程中，硫化矿物经氧化、分解并与水化合形成 H_2SO_4 而产生的酸性水。在矿井水总数中，大约有 10% 是酸性水。我国酸性矿井水的 pH 一般介于 2.3～5.7 之间，通常 Fe^+、SO_4^{2-} 浓度较高，且呈现明显的黄色。酸性矿井水具有较强的环境危害性，其在演化过程中不仅会溶蚀围岩，使得水体中的 Ca^{2+}、Mg^{2+} 含量增加，硬度增大，而且会导致煤和围岩中所含的 As、Mn、Cu、Zn、Pb、Ni、Co、Cd 等重金属在水体中富集，给环境造成较大的生态风险。北方酸性矿井水主要分布在陕、宁、鲁和内蒙古等地。南方煤矿大部分为高硫煤，矿井水多呈酸性，特别是川、贵、桂等地，pH 低至 2.5～3.0，其硫酸盐含量高达 3000mg/L。

7.1.2.4　含有毒有害元素矿井水

含有毒有害元素矿井水是指含有氟、铁、锰、铜、锌、铅及铀、镭等元素的水。含氟矿井水主要来源于含氟量较高的地下水区域，长期饮用高氟水，会导致氟骨病、氟斑牙等中毒现象。含铁、锰矿井水一般以二价态 Fe^{2+}、Mn^{2+} 为主，表明水体处于还原环境，溶氧含量低。Cu、Zn、Pd 等重金属元素以及铀、镭等放射性元素，主要来源于煤和岩石。在我国的云贵地区、山西西山、河南鹤壁、宁东石嘴山、湖南金竹山、福建永安等地区的矿井水存在有毒有害元素含量超标的现象。

7.1.2.5　洁净矿井水

洁净矿井水是指还没有被污染的矿井水。此类矿井水水质较好，pH 为中性，低浊度，低矿化度，有毒有害元素都很低，基本符合生活饮用水标准。主要来源于奥陶纪石灰岩水、岩矿裂隙水等。

7.2　矿井水综合利用技术概况

7.2.1　悬浮物矿井水处理技术

我国矿井水大多属于含悬浮物矿井水，而其他类型矿井水也都含有一定数量的悬浮物，其中悬浮物含量低于 300mg/L 的矿井水约占我国矿井水总量的 80%，悬浮物含量高于 500mg/L 的矿井水占比也超过 10%。含悬浮物矿井水水质呈中性，外观多为灰黑色，悬浮物含量高，其主要成分为煤粉。该类矿井水的主要处理技术有混凝沉淀过滤法、高效旋流法、磁絮凝法和高密度沉淀法。

（1）混凝沉淀过滤法

目前，含悬浮物矿井水处理工艺比较成熟，采用常规的混凝、沉淀、过滤、消毒等工艺，可有效去除矿井水中的悬浮物和胶体物质，能够满足环境达标排放要求。水处理中最重要的环节是混凝处理，选用混凝剂的原则是产生大、重、强的矾花，净水效果好，对水质没有不良影响。矿井水净化处理采用沉淀池或澄清池作为主要处理单元。沉淀池常采用平流式沉淀、斜管板沉淀。机械加速澄清池、水力循环澄清池都是集混凝反应和沉淀过程于一体的水处理设施。矿井水处理常用的过滤设施有快滤池和重力式无阀滤池。快滤池管路、阀门系统复杂，反冲洗操作繁琐；重力式无阀滤池能自动反冲洗，操作简便，管理和维护方便，但处理效果不太稳定。滤池通常采用无烟煤和石英砂双层滤料。例如：某煤矿矿井水进水悬浮物浓度为 200～700mg/L、浊度为 400～800NTU，处理后出水的悬浮物浓度为 13mg/L、浊度为 6.4NTU，处理效果良好。

（2）高效旋流法

高效旋流工艺是将含悬浮物的矿井水进入旋流器高速旋转，在离心力和重力的作用下，不同粒度的颗粒被甩向不同位置，细小颗粒从上面溢流，较大的矿物颗粒在下部沉积。高效旋流一体化净化工艺流程如图 7-1 所示。

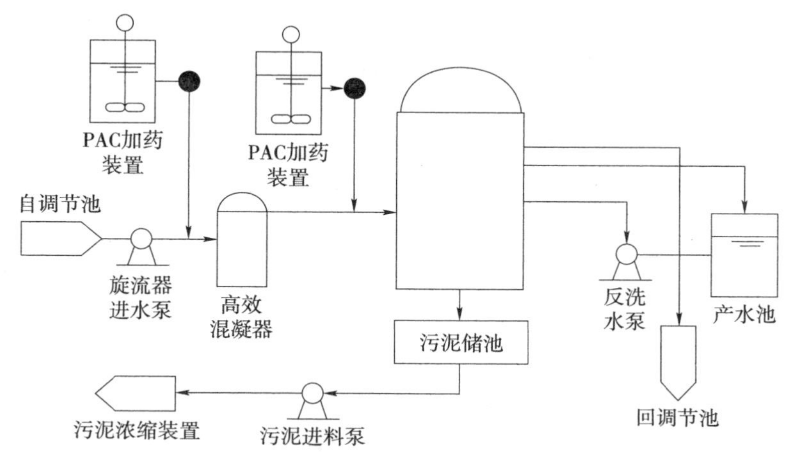

图 7-1　高效旋流一体化净化工艺流程简图

采用高效旋流净化技术改进了矿井水处理工艺，具有投资低、运行成本低、占地面积小、处理效果好的优点。实现了集水处理混凝、絮凝、沉淀、澄清、过滤技术为一体，科技含量高，在操控方面集合了可编程逻辑控制器技术和在线监测技术，操作简便，控制功能齐全，自动化程度高。

高效旋流工艺在运行中主要存在以下问题：由于重力分离需要一定的沉降距离，因此设备必须保持相当的高度；高效旋流器设计为一塔化，采用碳钢作为塔体和内部结构用材料，在高效旋流流体及悬浮物的冲击下对塔体及内部结构的材料磨损和腐蚀是相当严重的；高效旋流装置排泥含水率高（98%～99%），且采用间歇排泥，由于煤泥含水率高，无法直接送入煤泥脱水机进行脱水，需建一座容积相当大的污泥储池；目前高效旋流单台最大处理能力只有 200m^3/h（张家峁煤矿为 150m^3/h），无法满足现有大部分煤矿对矿井水的处理要求。

（3）磁絮凝法

磁絮凝法是在我国稀土永磁技术蓬勃发展的基础上开发出的一种新兴水处理技术，其工作原理是向矿井水中添加磁种介质与微磁絮凝药剂，使得矿井水中的悬浮物同磁种介质相互凝结在一起，产生具备磁性的絮团，然后通过超磁分离设备的高强度磁场，在强磁场力的作用下对絮团进行快速分离。图 7-2 为磁絮凝与磁分离工艺流程。

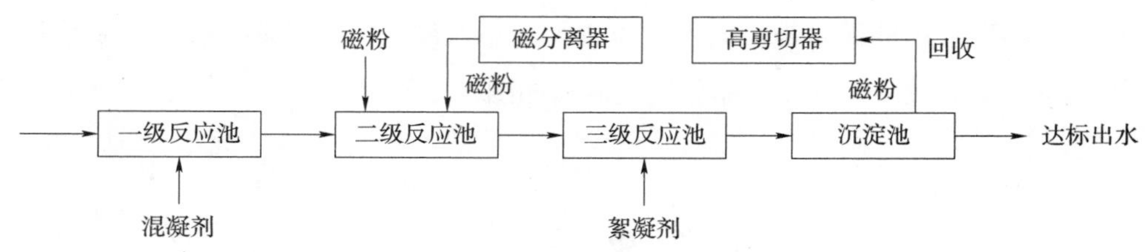

图 7-2 磁絮凝与磁分离工艺流程图

相比传统工艺，磁分离工艺作为目前矿井水悬浮物处理的新工艺，具有设备占地面积小、处理水量大、煤泥含水率低、水力停留时间短、运行成本低、自动化程度高等优点，更能够有效脱除矿井水悬浮物，满足煤矿需求，成为目前高效脱除矿井水悬浮物的主流工艺。例如：山西斜沟煤矿进水悬浮物质量浓度 300～400mg/L，5min 处理完毕，出水悬浮物质量浓度≤10mg/L，悬浮物去除率 97%，实现了清水入仓，缩减了清淤次数；陕西中能袁大滩煤矿综合处理成本为 7.8 元 /t，既保障了矿区和陕西未来能源化工的供水，又避免了水资源的流失，取得了良好社会经济和生态环境效益。

（4）高密度沉淀法

高密度沉淀法通过加入高密度介质，同时加入药剂，使矿井水的悬浮物形成大絮凝体，由于较大的絮凝体具有大半径和大密度的特性，从而加快了其沉降速度，且相同处理量下沉淀池体积大大减小。高密度沉淀池是混合区、反应区和沉淀区为一体的，前端混合区高密度介质的外循环在保证搅拌反应池的固体浓度的同时，提高了悬浮物的絮凝能力，形成更加均匀密实的絮凝体。末端采用斜板沉降，在回收污泥中的重介质的同时，提高了混凝沉淀作用和处理效果。该方法的缺点是运行费用较高且絮凝区易积泥。

例如：神华宁煤灵新矿采用高密度沉降技术对矿井水的悬浮物进行去除，其处理工艺如图 7-3 所示。矿井水经巷道内沟渠集水后，汇总至水渠内经机械格栅去除大颗粒物质后进入调节预沉池，处理后由提升泵提升至高密度高效沉淀池，混凝区和反应区投加混凝剂［聚合氯化铝（PAC）和聚丙烯酰胺（PAM）］和重介质微砂，使悬浮物在短时间内形成以微砂为载体的“微絮团”。絮凝后，水进入沉淀段的底部向上流动，通过高密度斜板增加絮凝颗粒沉淀面积，出水由集水渠收集后通过重力流入清水仓。污泥循环泵连续抽取沉淀在设备沉淀区储泥斗中的泥水混合物，将微砂和污泥输送到泥沙分离器中。从污泥中分离出来的微砂直接投到循环池中循环使用，污泥从分离装置上部溢出排往污泥池。

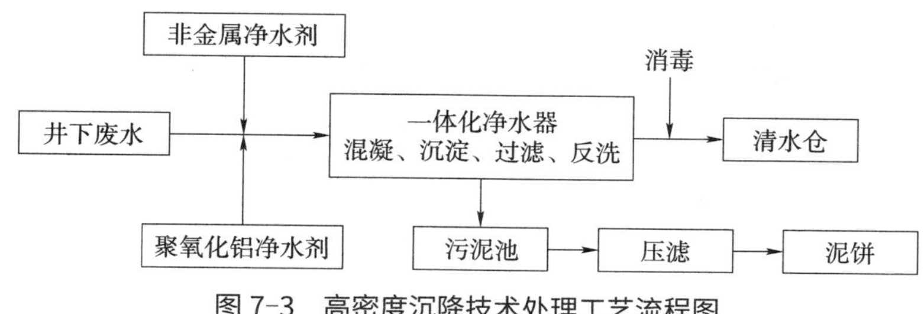

图 7-3　高密度沉降技术处理工艺流程图

7.2.2　高矿化度矿井水处理技术

煤矿高矿化度矿井水处理典型的流程依次包括：常规处理、深度处理、浓缩/分盐、蒸发结晶、盐处理。处理高矿化度矿井水的主要目的是脱盐，目前常用的方法为膜法和热法。

（1）膜法脱盐

膜法脱盐是目前应用最为广泛的高矿化度矿井水脱盐方法，随着膜技术的成熟与成本的降低，膜法的应用范围还在逐渐增加。膜法脱盐主要采用反渗透膜和纳滤膜，反渗透膜用来浓缩矿井水，纳滤膜用来分离一价盐和二价盐。典型的膜法脱盐工艺如图 7-4 所示。矿井水经过预处理后首先经过保安过滤器，进一步脱除水中的悬浮物，使其达到反渗透系统的进水标准。经过保安过滤器的水先进入中间水池缓冲，然后进入反渗透系统进行脱盐处理。为保证脱盐后的回用水率，反渗透系统分为低压反渗透和高压反渗透两级，缓冲池的水经过低压反渗透系统产生达标的回用水和一级浓盐水，回用水直接进入清水仓备用，一级浓盐水继续进入二级反渗透系统进一步脱盐浓缩，产出的浓盐水进入地下水库封存，清水进入清水仓备用。

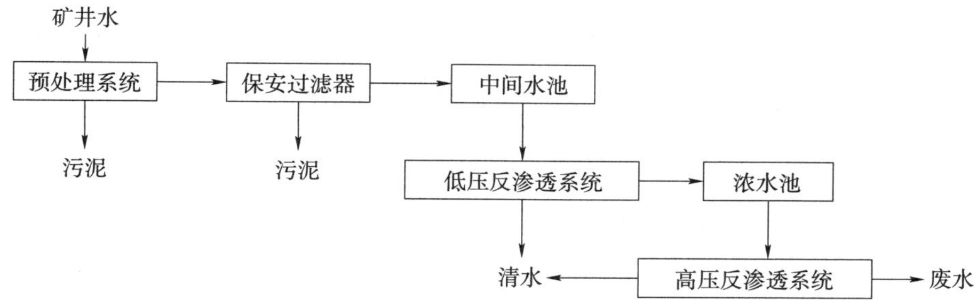

图 7-4　膜法脱盐处理工艺流程图

（2）热法脱盐

矿井水含盐量高于 10000mg/L 时，膜法脱盐在工程应用中极易产生膜结垢、变形等问题，缩减了膜的使用寿命，增加了水处理成本。与膜法脱盐相比，热法脱盐在处理含盐量高于10000mg/L的矿井水时更具有优势。低温多效蒸馏是目前使用较广泛的一种热法脱盐技术，在海水淡化方面应用广泛。低温多效蒸馏是将几个蒸发器串联运行的蒸发操作，使蒸汽热能得到多次利用，从而提高热能利用率。蒸发器工作原理为高浓度含盐水由加热器顶部进入，经液体分布器分布后呈膜状向下流动，在管内被加热汽化，被汽化的蒸汽与液体一起由加热管下端引出，经汽－液分离得到浓缩液。浓缩液经结晶或喷雾干燥就可实现矿井水处理近零排放。这种处理方式特别适合有坑口电厂的煤矿使用，利用电厂的废弃蒸汽作为热源，可以有效降低处理成本，实现高矿化度矿井水的高效低成本处理。

7.2.3 酸性矿井水处理技术

现阶段酸性矿井水的处理方法主要有中和法、微生物法、人工湿地法和粉煤灰吸附法等，其中最常用的是中和法。

（1）中和法

向酸性矿井水中投加碱性中和剂，利用中和反应增加废水的pH，使废水中的金属离子形成溶解度小的氢氧化物或者碳酸盐沉淀来净化水体。目前，普遍采用的处理工艺有石灰石中和法和石灰中和法。

石灰石中和滚筒法是指利用石灰石为中和剂，酸性水在滚筒中被石灰石所中和的一种处理方法，工艺流程如图7-5所示。酸性矿井水经耐酸泵提升至地面蓄水池，再经耐酸泵连续送入滚筒中，在滚筒中和中和剂石灰石反应，将滚筒出水送入反应池来确保石灰石和酸性水有充足的接触时间，随着矿井水带出的石灰石在反应池中和酸性水反应，进一步提升酸性水的pH，然后进入竖流式沉淀池，再经斜管沉淀池进一步沉淀处理后，出水外排。这种方法的优点是对滤料粒径无严格要求、操作管理比较方便、处理费用低，缺点是设备杂、要求防腐措施严格、噪声大、环境条件差等。

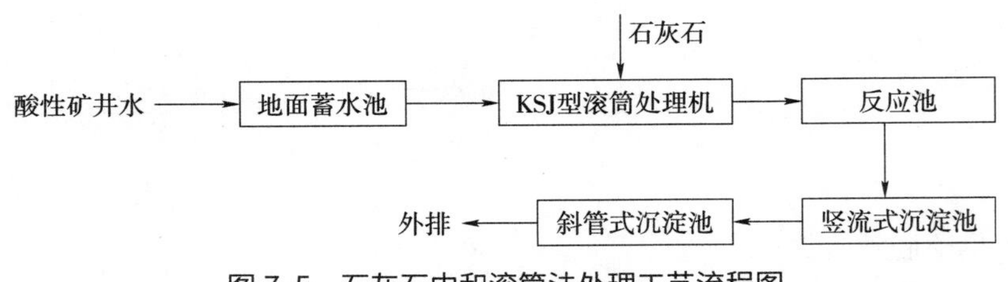

图7-5 石灰石中和滚筒法处理工艺流程图

石灰石升流膨胀过滤中和法是以细小石灰颗粒（$d \leqslant 3.0$mm）为滤料，酸性水自滤池底部进入滤池，在酸性水作用下，石灰石滤池膨胀，颗粒与颗粒之间相互摩擦，使石灰石与酸性水反应能连续不断地进行中和处理，工艺流程如图 7-6 所示。这种方法的优点是操作简单、管理方便、工作环境良好、处理费用较低，缺点是出水中存在大量的碳酸，使 pH 维持在 5.5 左右，且二价铁的去除率低。

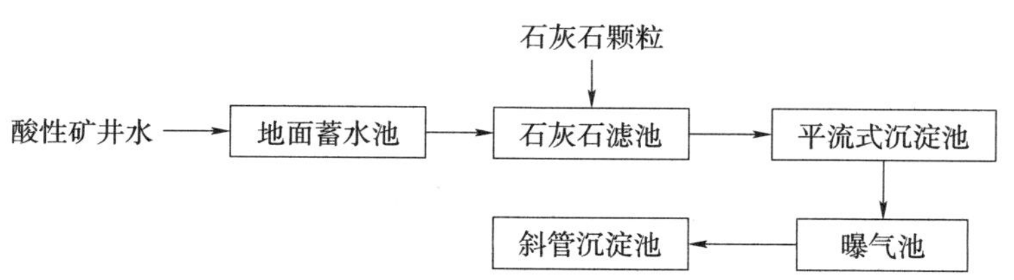

图 7-6　石灰石升流膨胀过滤中和法工艺流程图

石灰中和法是利用石灰中的氧化钙与酸性水中的硫酸产生反应，生产硫酸钙沉淀，使酸性水得到中和，工艺流程如图 7-7 所示。将氧化钙含量为 67%～81% 的石灰制成含活性氧化钙 5%～10% 的石灰乳，加入中和氧化池中，同时采用机械进行充分搅拌，经沉淀过滤后，清水达到国家规定的排放标准或者回用于煤矿工业用水，废水中的 Fe、Mg、Al 等一些有害重金属离子转化成稳定的溶度积很小的氢氧化物沉淀并去除。这种方法的优点是工艺简单、操作方便，缺点是出水 pH 不稳定、易造成反应池排泥管的堵塞。

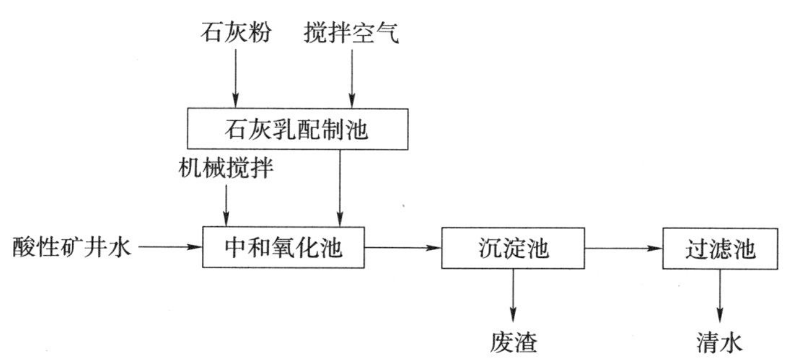

图 7-7　石灰中和法处理工艺流程图

（2）微生物法

微生物法处理煤矿酸性废水主要有硫酸盐还原菌（SRB）处理技术和氧化亚硫杆菌处理技术。在厌氧条件下，SRB 主要通过三种方式改善水质：①产生的硫化氢与金属离子反应生成金属硫化物沉淀，从而去除废水中的金属离子；②硫酸盐还原反应一方面消耗水合氢离子使得溶液的 pH 升高，金属离子以氢氧化物的形式沉淀而被去除，另一方面硫酸盐还原反应降低了溶液中硫酸根离子的浓度；③硫酸盐还原反应使有机物氧化产生重碳酸盐，使水质改善。氧化亚硫杆菌在酸性条件下可将水中的二价铁氧化成三价铁，来实现酸性矿井水中铁等金属离子的去除，通过硫循环反应进一步处理酸性废水。微生物法处理技术除运行成本低，管理方便等优点外，其显著特点还有处理后沉淀物可以用来产生氧化铁红和聚合硫酸铁，变废为宝，综合利用，具有较好的经济效应和应用前景。

（3）人工湿地法

人工湿地酸性矿井水处理方法是20世纪70年代末在国外发展起来的一种污水处理方法，利用湿地生态系统中物理、化学和生物三方面的作用完成对污水的净化。酸性矿井水经过预处理，然后进入湿地系统，完成净化。其主要机理为：①金属氧化及水解：二价铁氧化生成三价铁后发生水解反应生成氢氧化铁沉淀去除，二价锰氧化水解生成MnOOH沉淀去除。②植物、藻类和有机质对金属的吸附：植物对根际土壤进行富氧，有助于金属的氧化作用。植物残体增加植物土壤中的有机质含量，增强对金属的吸附，同时为硫酸盐还原菌提供营养物质。藻类可以直接从水中吸附金属，同时还能够通过光合作用增加水体溶解氧，有助于微生物对有机废物的好氧分解。湿地中有机质富含大量的腐植酸和棕黄酸，这些酸类能与金属离子进行交换反应。③厌氧细菌对硫酸盐的还原作用：厌氧湿地中，在还原细菌主要为脱硫弧菌的作用下，SO_4^{2-}氧化有机质，同时自身被还原成硫化氢，与金属离子反应生成不溶的金属硫化物沉淀下来。以硫化物的形式去除矿井水中的金属离子，可作为人工湿地中去除金属离子的一种成效机制。人工湿地法具有出水水质稳定、对氮磷等营养物质去除能力强、基建和运行费用低、技术含量低、维护管理方便、耐冲击负荷强、适于处理间歇排放的污水等优点，并在北美、欧洲的许多国家广泛应用。

（4）粉煤灰吸附法

粉煤灰是燃煤电厂的副产品，在灰中存在大量铝、硅等活性点，能与吸附质通过化学键结合，同时粉煤灰的结构多孔，比表面积较大，还具有活性基团，因而具有很好的吸附性能，吸附作用主要有物理吸附和化学吸附。

物理吸附指粉煤灰与吸附剂（污染物分子）间通过分子间引力产生吸附，这一作用受粉煤灰的多孔性及比表面积决定。物理吸附特征主要是吸附时粉煤灰颗粒表面能降低，放热，在低温下可自发进行，且无选择性，所以对各种污染物都有一定的吸附去除能力。化学吸附是指粉煤灰存在大量Al、Si等活性点，能与吸附质通过化学链发生结合。化学吸附其选择性强，且通常不可逆。通常情况下两种吸附作用同时存在，在不同的条件下体现的优势不同，其吸附性能随之变化。

7.2.4 高铁、锰矿井水处理技术

高铁、锰矿井水一般是在地下水还原条件下形成的，多呈 Fe^{2+}、Mn^{2+} 低价状态，有铁腥味，易变浑浊，可使地表水的溶解氧降低。在我国的云贵地区、山西西山、河南鹤壁、宁东石嘴山、湖南金竹山、福建永安等地区的矿井水存在铁、锰含量超标的现象。煤矿高铁、锰矿井水主要是地层中含铁、含锰地下水渗透形成的。由于煤矿开采过程的影响，造成煤矿含铁、锰矿井水又具有不同于含铁、锰地下水质的特点。目前，对于含铁矿井水的常规处理方法有空气自然氧化法、氯氧化法和接触氧化法；对于含锰矿井水的常规处理方法主要有 $KMnO_4$ 氧化法、氯连续再生接触过滤除锰法、空气接触氧化法、碱化除锰法和生物氧化除锰法。

7.2.4.1 含铁矿井水处理技术

（1）空气自然氧化法

将铁含量超标的矿井水进行曝气处理，利用水中的溶解氧将二价铁氧化成 $Fe(OH)_3$，因为 $Fe(OH)_3$ 的溶解度小可形成沉淀，导致在井下清澈的矿井水转化为黄褐色的水，$Fe(OH)_3$ 可以在后面的沉淀与过滤环节中去除，从而实现对铁的去除。

（2）氯氧化法

往含有铁的水中投加氯气，经过混凝、沉淀和过滤，能得到含铁量很低的出水。当原水中的含铁量低时，流程还可以简化。此法对原水的适应性很强，氧化速度也快，但是氯氧化生成的氢氧化铁结构是无定形的，沉渣难以脱水。当原水中碳酸含量高时，为了脱去 CO_2 也需要曝气。

（3）接触氧化法

含铁水简单曝气后接入滤池，在滤池表面氧化剂的作用下，把 Fe^{2+} 迅速氧化成三价铁的氢氧化物，并截滤在滤层中，从而将水中的铁除掉。该方法适应性较差，不适合处理所有的含铁矿井水。

7.2.4.2 含锰矿井水处理技术

（1）$KMnO_4$ 氧化法

向含 Mn^{2+} 的水中投加 $KMnO_4$，可直接将 Mn^{2+} 氧化为 $MnO_2 \cdot mH_2O$，而 $KMnO_4$ 本身也还原为 $MnO_2 \cdot mH_2O$，生成的高价锰氧化物经过混凝、沉淀去除。

（2）氯连续再生接触过滤除锰法

向含 Mn^{2+} 的水中投加氯，然后流入锰砂滤池。在催化剂 $MnO_2 \cdot mH_2O$ 的作用下，氯将 Mn^{2+} 氧化为 $MnO_2 \cdot mH_2O$，并与原有的锰砂表面相结合。新生成的 $MnO_2 \cdot mH_2O$ 具有催化作用，也是自催化反应。

（3）空气接触氧化法

含 Mn^{2+} 地下水曝气后进入滤层中过滤，能使高价锰的氢氧化物逐渐附着在滤料的表面，形成锰质滤膜，这种自然形成的活性滤膜具有接触催化作用，在 pH 中性范围内，Mn^{2+} 就能被滤膜吸附，然后再被溶解氧化，生成新的活性滤膜物质参与反应。

（4）碱化除锰法

向含 Mn^{2+} 的水中投加石灰、氢氧化钠或碳酸氢钠等碱性物质，将 pH 提高到 9.5 以上，溶解氧能很迅速地把 Mn^{2+} 氧化为 MnO_2 而析出。

（5）生物氧化除锰法

利用微生物进行过滤的方法，可去除含锰量高的矿井水。先将滤料进行熟化，使大量微生物可以附着到滤料的表面上，经熟化后的微生物称为锰氧化细菌，该类细菌具有很强的氧化除锰能力。先在滤池中对锰氧化细菌进行接种，经过培养使滤料成熟，成熟后的滤料对含有锰的矿井水去除效果明显。该方法的缺点是锰氧化细菌培养周期长，不易操作。

各类矿井水处理技术对比见表 7-1。

表 7-1　矿井水处理技术对比

矿井水类型	技术名称	技术优势	技术劣势
悬浮物矿井水	混凝沉淀过滤法	技术成熟、处理效果好	设备占地面积大
	高效旋流法	投资低、运行成本低、占地面积小、处理效果好	易腐蚀、易磨损、药剂使用量大、排泥含水率高
	磁絮凝法	速度快、停留时间短、回收率高、设备占地经济	电能消耗较高、磁粉流失
	高密度沉降法	处理效率高、适应性强、效果稳定	机械设备多、能耗大、运行管理复杂、总投资较大
高矿化度矿井水	膜法脱盐	技术成熟、应用广泛	运行维护复杂，存在高浓废水处理问题
	热法脱盐	适用于高含盐量（$>$10000mg/L），可利用废弃蒸汽作为热源降低成本	耗能、易结垢

表 7-1（续）

矿井水类型		技术名称	技术优势	技术劣势
酸性矿井水		中和法	工艺简单、操作方便、处理费用较低	污泥量大，剩下的盐类残渣需要二次处理
		微生物法	处理后沉淀物可以用来产生氧化铁红和聚合硫酸铁	处理速度慢，含有不利重金属（如铅、锌等）时对微生物有抑制作用
		人工湿地法	出水水质稳定、对氮磷等营养物质去除能力强、适于处理间歇排放的污水	占地面积大，水中的悬浮物易将介质堵塞；处理速度非常慢，一般需要 5～10d
		粉煤灰吸附法	废水中沉降性能较好，具有较快的混凝沉降速度	吸附容量有限，粉煤灰需回收
高铁、锰矿井水	含铁矿井水	空气自然氧化法	成本低廉、工艺简单、处理范围大	设备庞大，处理效果不稳定，工程投资高
		氯氧化法	对原水的适应性很强，氧化速度快	沉渣难以脱水；当原水中碳酸含量高时，为了脱去 CO_2 也需要曝气
		接触氧化法	不受溶解性硅酸的影响、氧化效率高	适应性较差
	含锰矿井水	$KMnO_4$ 氧化法	工艺简单、价格低廉	受水中 Fe^{2+} 的影响，投药量不稳定
		氯连续再生接触过滤除锰法	对原水的适应性很强，氧化速度快	沉渣难以脱水；当原水中碳酸含量高时，为了脱去 CO_2 也需要曝气
		空气接触氧化法	成本低廉、工艺简单、处理范围大	设备庞大，处理效果不稳定，工程投资高
		碱化除锰法	反应迅速、成本低廉、工艺简单	投加的碱性物质会导致出水 pH 过高，需酸化后供应生活饮用水
		生物氧化除锰法	对含有锰的矿井水去除效果明显	锰氧化细菌培养周期长，不易操作

7.3 矿井水综合利用技术标准研制

7.3.1 矿井水利用标准的发展

7.3.1.1 国内矿井水标准的发展

GB/T 19223—2015《煤矿矿井水分类》和 GB/T 31392—2015《煤矿矿井水利用技术导则》于 2015 年 5 月发布，规定了煤矿矿井水的术语和定义、分类参数、技术分类和应用分类以及技术要求。GB/T 37758—2019《高矿化度矿井水处理与回用技术导则》和 GB/T 37764—2019《酸性矿井水处理与回用技术导则》于 2019 年 6 月发布，规定了高矿化度矿井水和酸性矿井水处理与回用的术语和定义、总则、处理技术要求、回用技术要求、监测要求。此外，国家能源局还发布了关于水处理技术的行业标准——NB/T 10052—2018《煤矿矿井水净化处理超磁分离工艺操作指南》和 NB/T 51026—2014《煤矿矿井水深度处理　反渗透工艺技术要求》。

目前，我国针对矿井水的综合利用已经制定和发布了一些标准，但总体来看这些标准对于矿山生产企业的矿井水回用指导仍存在不足之处，有待进一步完善。首先，目前的矿井水标准以“导则”为主（见表 7-2），对不同情况下应当参考的标准做了梳理，如 GB/T 31392—2015 中规定“用于生活饮用水的煤矿矿井水应满足 GB 5749 的要求”“用于农业灌溉用水的煤矿矿井水应满足 GB 20922 的要求”“用于城市杂用水的煤矿矿井水应满足 GB/T 18920 的要求”。但是这些不同水用途标准中所规定的合格水质，其检测指标项目是不对等的，指标数量也是不同的。而且，矿井水环境与地表水环境是不同的，就矿井水环境而言，现有标准所覆盖的指标是否全面、是否存在用水安全风险应进一步分析，不能简单地引导参考现有标准。因此，对矿井水的原水水质和处理后的出水水质进行检测时，到底应该检测哪些指标需要进一步明确。其次，现有矿井水利用标准的适用范围更侧重于煤矿，这些标准能否应用于金属矿，或者适用于哪些金属矿，也是值得进一步明确的。最后，目前矿井水的处理净化技术已较为成熟，矿井水利用具备技术基础，但不同矿山生产企业对于水处理技术的选择是多样化的，处理效果也具有差异。所以，为了扩展矿井水回用标准的适用范围、优化水处理流程、完善矿井水回用于不同途径时的参考指标，进一步完善矿井水的综合利用技术要求是值得考虑的。

表 7-2　我国矿井水标准对比

名称	适用范围	原水水质分析项目	处理工艺流程推荐	回用水质要求	管理与监测要求
GB/T 19223—2015《煤矿矿井水分类》	煤矿矿井水	无	无	无	无
GB/T 31392—2015《煤矿矿井水利用技术导则》	煤矿矿井水	无	无	引用参考其他现行标准	无
GB/T 37758—2019《高矿化度矿井水处理与回用技术导则》	矿山企业高矿化度矿井水	净化处理设计（11 项）；深度处理设计（31 项）	有	引用参考其他现行标准	规定了监测要求
GB/T 37764—2019《酸性矿井水处理与回用技术导则》	矿山企业酸性矿井水	17 项	有	规定了 31 项回用水质分析项目	规定了污染物监测要求和回用管理
NB/T 10052—2018《煤矿矿井水净化处理超磁分离工艺操作指南》	煤矿矿井水	无	有	无	无
NB/T 51026—2014《煤矿矿井水深度处理　反渗透工艺技术要求》	煤矿矿井水	36 项	有	无	规定了运行与维护内容

7.3.1.2　国外矿井水标准的发展

国外关于矿井水综合利用的相关标准主要集中在矿井水分类和矿井水处理技术两方面。关于矿井水的分类，国际防酸网络（INAP）制定的全球酸性岩石排水指南（GARD）中将矿井水分为酸性矿井水、中性矿井水和碱性矿井水（见表 7-3），GARD 中还涉及对硫化物矿物氧化产生的排水的预测、预防和管理，有效地解决了硫化物矿物氧化引起的金属浸出问题。英国国家河流管理局（NRA）编制的环境影响评估（EIA）建立了六种不同的化学、生态和视觉因素，并设立了高、中、低、无四个等级来对矿井水进行分类（见表 7-4），以此评估矿井水排放对地表水的影响。澳大利亚矿产协会（MCA）制定的矿产行业水资源核算框架（WAF）根据水质及矿井生产设计用水取水的处理要求，并基于 pH、TDS 和有害或有毒成分等化学参数，将矿井水分为高、中、低三种品质（见表 7-5），并以此来判断矿井水是否达到人类使用标准。美国地质勘探局（USGS）的采矿和加工废水准则中，依据矿井所采矿物类型对矿井水类型进行划分，如煤、铁、石油、天然气等矿物，并制定相关排放标准。除此之外，部分国家也制定了一系列相关的矿井水分类标准，如依据矿山类型对矿井水类型进行划分、依据矿井水排放后的用途对矿井水类型划分等。

表 7-3 GARD 矿井水分类标准

分类	类别说明	参数范围
酸性岩石排水 / 酸性和金属矿山排水	酸性 pH 中等至较高金属含量 高浓度硫酸盐	pH<6
中性矿井排水	接近中性至碱性 pH 低至中等金属含量 低至中等浓度硫酸盐	pH>6 硫化物<1000mg/L 总溶解固体（TDS）<1000mg/L
碱性矿井排水	中性至碱性 pH 低金属含量（仅中等铁） 中等浓度硫酸盐、镁和钙	pH>6 硫化物>1000mg/L 总溶解固体（TDS）>1000mg/L

表 7-4 英国矿井水对地表水影响分类

参数（按重要性等级降序排列）	对地表水的影响			
	高	中	低	无
影响面积 /m^2	A1：>10000 A2：2500～10000	A1：1000～2500 A2：10～1000	<10	0
影响长度 /km	>0.5	0.01～0.50	<0.01	0
基岩类型	岩石 / 石头 / 砾石	基岩 / 巨砾 / 岩石	人工渠道 / 砂土 / 淤泥	—
铁沉积量（目视）	高	中	低	无
总铁含量 /（mg/L）	>3.0	2.0～3.0	<2.0	0
pH，溶解氧（DO）/%，总铝含量 /（mg/L）	符合 3 项[a]	符合 2 项	符合 1 项	不符合

[a] 三项的限值为：pH<7，DO<70%，总铝含量>1.0mg/L。

表 7-5 WAF 矿井水分类

分类	类别说明	参数范围
高品质矿井水	达到饮用水标准	pH=6～8.5，TDS<1000mg/L；沉淀后无浑浊，无农药 / 除草剂或有害成分的痕迹；大肠菌群<100CFU/100mL
中品质矿井水	个别成分需要适当改善	pH=4～10，TDS=1000～5000mg/L；大肠菌群>1000CFU/100mL
低品质矿井水	处理后达到最低水质要求	pH<6 或 pH>10，TDS>5000mg/L

在矿井水处理上，美国、日本、德国等一些发达国家已制定了严格的法律法规，以推动矿井水处理技术的发展及矿井水的综合利用，例如：德国以立法的形式规定矿井水必须进行处理；美国制定了详尽的矿山排水水质标准；日本对煤矿矿井水的利用已形成完整的法律体系，并采取了相应的技术对策。同时，面对严格的法律法规以及国家矿井水综合利用处理技术需求，许多国家也经过不断的研究探索，形成了切实可行的矿井水处理先进技术与工艺，例如：芬兰的煤矿供城区饮用水工程，开创了煤矿采煤和采水并举的格局，实现了矿井水饮用的商业化发展；俄罗斯采用溶气气浮法处理井上矿井水的悬浮物，可使水中产生大量气泡并带走悬浮物质，采用电絮凝法，在电物理与电化学的共同作用下处理井下矿井水悬浮物；日本采用反渗透法对高矿化度矿井水进行脱盐淡化处理，可实现脱盐率大于 90%；美国在人工湿地的最底部铺上碎石灰石，在上面覆盖有利于植物生长的肥料和有机质并种植香蒲等水生植物，可有效实现酸性矿井水的处理，在北美欧洲得到了广泛应用；澳大利亚的新型磁性离子交换树脂，可有效去除有机物矿井水中的天然有机物，对于含毒害物的矿井水有较好的处理效果；美国国家环境保护局提出的可渗透反应墙法、用于处理含铁酸性矿井水的生物化学方法等也在国外取得了广泛的应用。

总体而言，对于矿井水的综合利用，国内外均做出了大量的研究，并形成了一系列法律法规、标准和方法。然而，由于不同国家或地区的矿井开采环境不同，所形成的矿井水成分差异也相对较大，不同国家或地区政策的不同使得其对矿井水的分类标准、排放标准、回收利用途径也不尽相同。因此，基于我国矿井水综合利用现状，制定一套完整、适用性高的矿井水综合利用技术要求，对矿井水的安全排放及资源化综合利用具有重要意义。

7.3.2　矿井水综合利用基本流程

矿井水综合利用基本流程如图 7-8 所示。煤矿和非金属矿矿井水综合利用用途包括工业用水、杂用水、生态环境用水、农田灌溉用水。煤矿综合利用用途参考国家《矿井水利用发展规划》和具体调研数据。非金属矿矿井水综合利用用途参考中国非金属矿工业协会发布的《非金属矿行业绿色矿山建设要求》中的规定，即“矿坑涌水在矿区充分自用前提下，余水可作为生态、农田等用水，其水质应达到相应标准要求；生活废水达标处置，充分用于场区绿化等”。金属矿矿井水综合利用用途包括工业用水、杂用水。金属矿矿井水综合利用用途因受矿井水水质成分的影响，不适用于作为生态环境用水、农田灌溉用水。

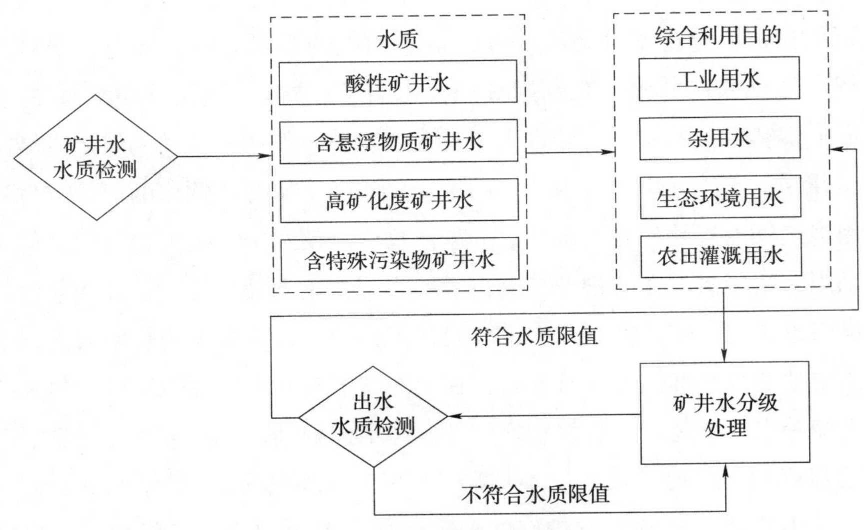

图 7-8　矿井水综合利用基本流程

矿井水综合利用基本流程提出了矿井水综合利用的具体步骤。首先，进行矿井水水质检测，明确矿井水水质特征；然后，根据实际需求确定矿井水综合利用目的；再根据不同的综合利用目的，结合水质特征，选择适宜的利用技术工艺，进行矿井水分级处理；最后，对于处理后的矿井水水质进行检测，达到综合利用目的水质要求的，可以进行综合利用，未达到综合利用水质要求的，还需要进一步选择矿井水分级处理技术，对矿井水进行处理，直至水质达到综合利用目的水质要求。随着科技的发展和社会的进步，矿井水的处理技术不断发展，企业在选择处理工艺时宜根据技术的进步和发展选用更先进、更经济的处理工艺。

7.3.3　矿井水水质检测指标与要求

根据矿井水综合利用目的及不同矿井水水质特征，对应不同的检测指标与要求，选择参考现有的国家标准、行业标准进行水质检测指标与要求的规定，见表 7-6。

表 7-6　矿井水水质检测与要求

综合利用目的		矿种类型	水质检测与要求
工业用水	选煤厂补充水	煤矿	应按照 GB 50359《煤炭洗选工程设计规范》的要求执行
	井下防尘、消防洒水	煤矿	应按照 GB 50383《煤矿井下消防、洒水设计规范》的要求执行
	井下配制乳化液用水	煤矿	应按照 MT 76《液压支架用乳化油、浓缩油及其高含水液压液》的要求执行
	工业锅炉用水	煤矿	应按照 GB/T 1576《工业锅炉水质》的要求执行
	煤化工用水	煤矿	应按照 SH/T 3099《石油化工给水排水水质标准》的要求执行
	热能能源用水	煤矿	应按照 CJ/T 337《城镇污水热泵热能利用水质》的要求执行
	生产工艺用水	有色金属矿	应按照 GB 51414《有色金属企业节水设计标准》的要求执行
	生产工艺用水	铁矿	应按照 GB/T 33815《铁矿石采选企业污水处理技术规范》的要求执行
	生产工艺用水	其他矿（不包括含放射性物质矿）	应按照 GB/T 19923《城市污水再生利用 工业用水水质》的要求执行
杂用水		煤矿、黑色金属矿、轻有色矿、非金属矿	应按照 GB/T 18920《城市污水再生利用 城市杂用水水质》的要求执行
生态环境用水	生态补水	煤矿、非金属矿	应按照 GB 3838《地表水环境质量标准》的要求执行
	生态环境用水	煤矿、非金属矿	应按照 GB/T 18921《城市污水再生利用 景观环境用水水质》的要求执行
农田灌溉用水		煤矿、非金属矿	应按照 GB 5084《农田灌溉水质标准》的要求执行

煤矿矿井水工业用水综合利用目的现有标准研究相对较多。选煤厂补充水是用于补充跳汰、重介工艺选煤厂生产工程中水分消耗和损失的水，GB 50359 中对此有具体规定，因此对于煤矿矿井水用于选煤厂补充水目的的水质检测与要求应按照 GB 50359 执行。

井下防尘、消防洒水是用于井下防尘、施工、扑灭井下外因火灾等的水。随着煤炭井下开采、掘进、运输的机械化和自动化程度提高，井下粉尘问题日益严重，防尘用水在井下用水中占有较大比重。用于降尘的高压喷雾设施和采掘设备对水质的要求较高，而井下消防、冲洗巷道、施工对水质的要求不高。GB 50215《煤炭工业矿井设计规范》和 GB 50383《煤矿井下消防、洒水设计规范》中对井下消防、洒水用水水质提出要求。两个标准对井下防尘、消防洒水用水的水质监测指标和指标要求规定基本一致，不同之处是 GB 50383 对粪大肠杆菌群的要求（≤3 个 /L）比 GB 50215（≤22 个 /L）严格。本着从严限制和兼顾普遍性的原则，综合考虑人身健康和井下采煤设备用水需求，规定井下防尘、消防洒水用水水质应按照 GB 50383 执行。

井下配制乳化液用水是用于井下配制液压支架用油液的水。MT 76 中对此有详细的规定，因此规定煤矿矿井水用于井下配制乳化液用水目的的水质检测与要求应按照 MT 76 执行。

工业锅炉用水主要用于工业锅炉给水补水。GB/T 1576 中对此有明确要求，因此规定煤矿矿井水用于工业锅炉用水目的的水质检测与要求应按照 GB/T 1576 执行。

煤化工用水是用于煤化工汽化环节的生产工艺用水。SH/T 3099 中对此有相应的要求，因此规定煤矿矿井水用于煤化工用水目的的水质检测与要求应按照 SH/T 3099 执行。

热能能源用水是用于热能热泵的循环水。CJ/T 337 中对该用途的水质检测指标提出了具体要求，因此规定煤矿矿井水用于热能能源用水目的的水质检测与要求应按照 CJ/T 337 执行。

生产工艺用水主要包括采矿、选矿、冶炼等工艺用水。GB 51414 中对有色金属矿矿井水利用于生产工艺用水具有明确要求，因此规定用于生产工艺用水目的的有色金属矿矿井水的水质检测与要求应按照 GB 51414 执行。

GB/T 33815 中对于铁矿矿井水利用于各类生产工艺用水也提出了明确要求，因此规定用于生产工艺用水目的的铁矿矿井水的水质检测与要求应按照 GB/T 33815 执行。

除以上有明确标准规定的矿井水利用之外，其他矿矿井水，不包括含放射性物质矿，综合利用于生产工艺用水时，由于没有相应细化的现有标准，水质检测与要求一律按照 GB/T 19923 执行。

煤矿矿井水、黑色金属矿矿井水、轻有色矿矿井水、非金属矿矿井水综合利用于杂用水时，由于没有相应细化的现有标准，水质检测与要求一律按照 GB/T 18920 执行。

煤矿矿井水、非金属矿矿井水综合利用于生态补水时，由于没有相应细化的现有标准，水质检测与要求一律按照 GB 3838 执行；煤矿矿井水、非金属矿矿井水综合利用于景观环境用水时，由于没有相应细化的现有标准，水质检测与要求一律按照 GB/T 18921 执行；煤矿矿井水、非金属矿矿井水综合利用于农田灌溉用水时，由于没有相应细化的现有标准，水质检测与要求一律按照 GB 5084 执行。

7.3.4　矿井水处理利用技术标准

7.3.4.1　酸性矿井水利用技术

GB/T 37764《酸性矿井水处理与回用技术导则》中明确规定了酸性矿井水的处理技术、工艺、设备及药剂，因此对酸性矿井水的处理直接参照 GB/T 37764 执行。

7.3.4.2　含悬浮物矿井水利用技术

含悬浮物矿井水主要是悬浮物粒度小、相对密度小、含量高的矿井水，多呈灰黑色，排入水体后，会造成水体外观恶化、浑浊度升高，改变水的颜色。悬浮物主要由煤粉、岩粉组成，其含量较不稳定，不仅同一矿区各矿矿井水浓度差异较大，而且同一矿井不同时期排水浓度差异也很大。根据全国主要矿区矿井水处理的调研结果，目前含悬浮物矿井水最主要的处理工艺组合为“混凝—沉淀 / 澄清—过滤”工艺，能有效去除矿井水中的悬浮物和胶体，并能有效去除矿井水中的油类物质。因此，推荐含悬浮物矿井水利用技术宜采用“混凝—沉淀 / 澄清—过滤”技术（见图 7-9）。为了缓冲、均衡水质，确保后续处理的安全稳定运行，同时可去除废水中颗粒较大的可沉物和悬浮物，减轻后续处理设施的压力，规定宜在净化处理前设置预沉调节池。主要依据是由于在实际运行中存在井下排水短时悬浮物含量高达平均值的几倍甚至数十倍的异常波动现象；同时由于矿井水所含的细煤渣黏度大，沉淀后不易采用自然排泥的方法去除，如不采取预沉措施，细煤渣将大量进入后续处理单元，对后续处理环节造成严重影响。根据调研结果，目前市场上和实际处理工程中常用的混凝剂主要为铁系和铝系，铁系混凝剂主要为三氯化铁，铝系混凝剂主要为聚合氯化铝。当单独使用混凝剂不能取得预期效果时，需投加助凝剂以提高混凝效果。助凝剂通常为高分子物质，其作用是通过吸附架桥改善絮体结构，促使细小而松散的絮体变得粗大而密实，从而提高沉降速度和沉降效率。

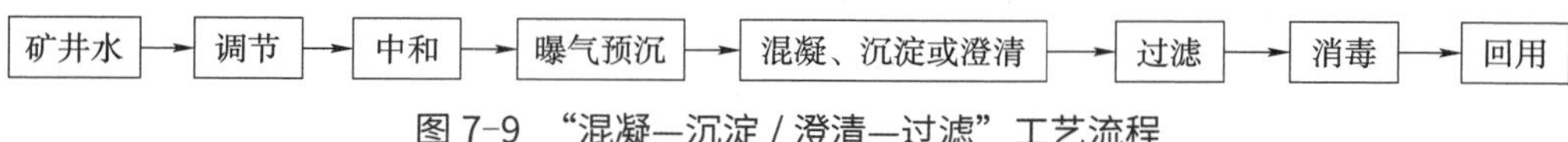

图 7-9　“混凝—沉淀 / 澄清—过滤”工艺流程

7.3.4.3 高矿化度矿井水利用技术

GB/T 37758《高矿化度矿井水处理与回用技术导则》中明确规定了高矿化度矿井水的处理方法、工艺及设备，因此对高矿化度矿井水的处理直接参照 GB/T 37758 执行。

7.3.4.4 含特殊污染物矿井水利用技术

含特殊污染物矿井水主要是指含铁、锰矿井水，含氟化物矿井水和含重金属矿井水。我国煤矿矿井水的锰离子浓度一般在 1.5mg/L 以下，部分超过 3.0mg/L，少数煤矿矿井水的锰离子浓度高达 5mg/L 以上。矿井水中的锰主要来源于岩石和矿物中锰的氧化物、硫化物、碳酸盐，当水中铁、锰共存时，应先除铁后除锰，当矿井水中铁和锰含量较低时，铁、锰可在同一滤层中被去除。给水处理中地下水除锰可采用接触氧化法、生物氧化法及化学氧化法，矿井水处理常用化学氧化法除锰。常用的氧化剂有氯气、高锰酸钾，高锰酸钾的氧化能力比氯气强，可在中性或微酸性的条件下将水中的二价锰迅速氧化成四价锰。除铁、除锰滤池可采用锰砂滤料，也可采用石英砂和无烟煤等滤料。因此，根据除铁、除锰技术的调研，提出含铁、锰矿井水综合利用时，除铁宜采用空气氧化法、化学氧化法、接触氧化法等技术（见图 7-10），除锰宜采用化学氧化法和滤池技术（见图 7-11），同时除铁、除锰宜采用化学氧化法或接触氧化法加除铁、除锰滤池技术（见图 7-12 和图 7-13）。

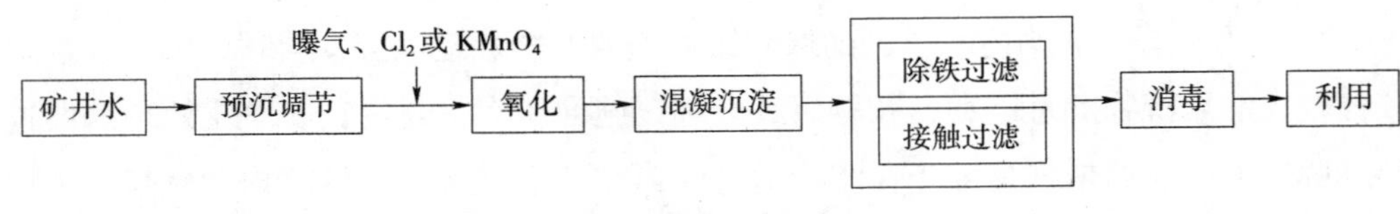

图 7-10 除铁工艺流程

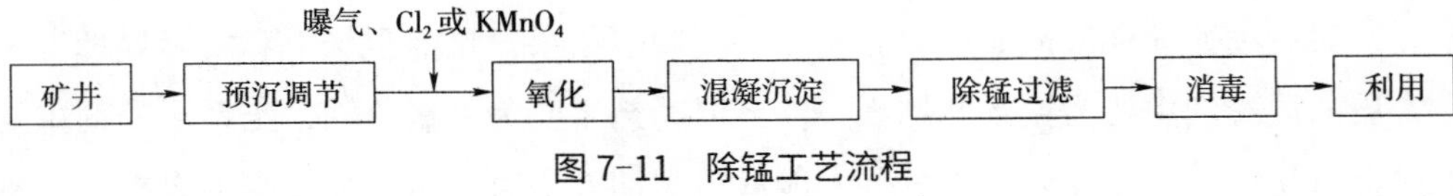

图 7-11 除锰工艺流程

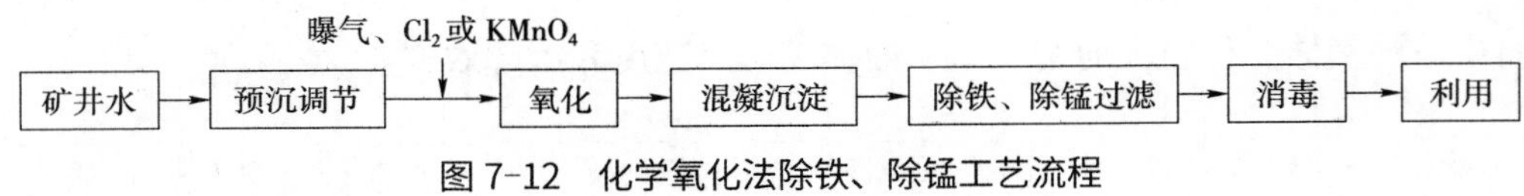

图 7-12 化学氧化法除铁、除锰工艺流程

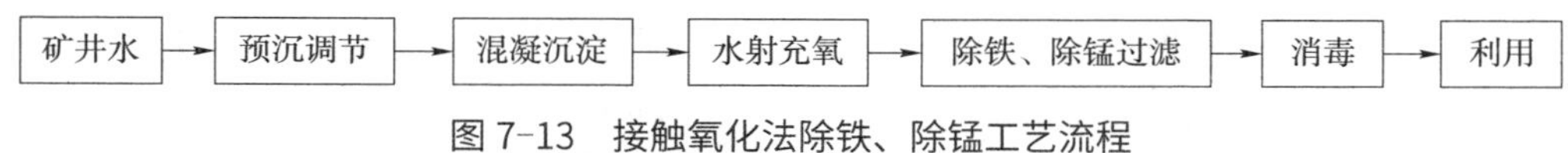

图 7-13　接触氧化法除铁、除锰工艺流程

我国大部分煤矿矿井水中含有一定量的氟，但含量一般比较低，一般不超过 1.0mg/L。除氟常规工艺有沉淀法和吸附法、膜法等。沉淀法是最常用的除氟技术，包括化学沉淀和混凝沉淀两种。化学沉淀是通过加药剂形成氟化物沉淀，混凝沉淀是使用各种药物获得絮凝沉淀，后经固体的分离达到去除的目的。沉淀法处理效率决定于药剂、反应条件和固液分离的效果。沉淀法常用石灰，使钙离子与氟离子反应生成 CaF_2 沉淀。混凝沉淀法主要采用铁盐和铝盐两大类混凝剂除去工业废水中的氟。其机理是利用混凝剂在水中形成带正电的胶粒吸附水中的 F^-，使胶粒相互聚集为较大的絮状物沉淀除氟。铁盐类混凝剂一般除氟效率仅为 10%～30%，且 pH 要求高于 9。铝盐类混凝剂除氟效率可达 50%～80%，可在中性条件（一般 pH=6～8）下使用。吸附法适于处理氟化物含量较低的工业废水以及经沉淀法处理后氟化物浓度仍旧不能符合有关规定的废水。氟离子通过物理或化学吸附，从废水中转移至吸附剂达到除氟要求，当废水氟含量超标时需要通过反洗再生恢复吸附剂的吸附能力。常用的除氟吸附剂有活性氧化铝、羟基磷灰石和树脂吸附剂等。活性氧化铝吸附法属于传统吸附工艺，采用碱再生，缺点为进水要求调节 pH、药剂消耗较大、价格较高、滤料寿命短；羟基磷灰石吸附法不需要调节进水 pH，且价格低于活性氧化铝；膜法除氟主要采用电渗析或反渗透技术，具有除氟干净彻底、出水水质好的优点，但是只适用于原水含盐量在 1～5g/L、含氟 5mg/L 以下的废水。根据以上研究结果，提出含氟化物矿井水综合利用时，宜采用“调节（预沉）—混凝沉淀—过滤—吸附 / 离子交换 / 膜分离”技术（见图 7-14）。

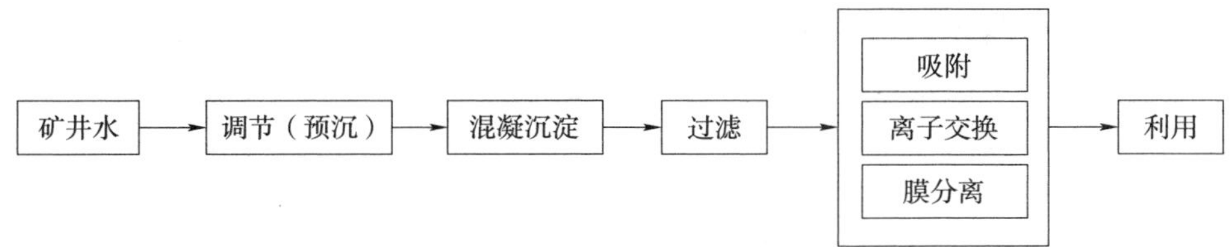

图 7-14　含氟化物矿井水利用技术流程

我国大部分矿区的矿井水中不含重金属或重金属含量很低，只有东北、华北北部、淮南等矿区有些矿井的矿井水含铁、锰离子较多，同时也含有少量的重金属离子，且超过生活饮用水的标准。由于无论采用何种方法处理重金属污水均不能分解

破坏重金属，所以只能通过转移其存在的位置、改变其物理或化学形态的方法对其进行处理。目前，国内煤矿由于受经济和技术的制约，对含重金属矿井水处理的实例很少。国外主要采用的方法有沉降法（如离子交换法、氧化还原法、硫化法等）和分离法（如反渗透法、电渗析法等），处理后的矿井水可直接排放，而沉淀污泥或浓缩产物等剩下的一部分处理物还要经过进一步的工序进行处理，以防二次污染。由于工业锅炉用水需要控制总硬度、总碱度、溶解性总固体、含油量等指标，这些水质指标的含量无法通过混凝法去除，所以回用于工业锅炉用水时，应增加膜分离等深度处理技术。根据以上研究结果，提出含重金属矿井水综合利用于工业用水时，宜采用“调节（预沉）—化学沉淀—过滤—吸附 / 离子交换 / 膜分离 / 电化学处理”技术（见图 7-15）。

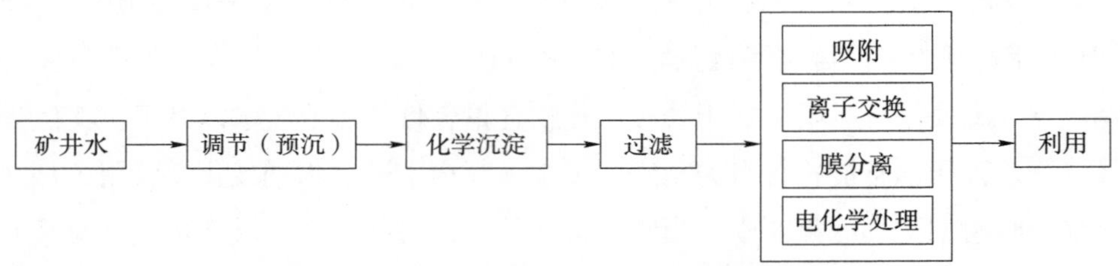

图 7-15　含重金属矿井水利用技术流程

7.4　矿井水利用案例

7.4.1　调研案例分布情况

研究采用资料调研、专家调研和实地调研的方法，对我国西北地区、华北地区、华东地区、中南地区、东北地区以及西南地区的煤矿和金属矿区进行了案例调研。

7.4.2　案例分析

根据调研案例的矿井水利用情况，矿井水的综合利用主要包括工业用水、杂用水、生态环境用水和农田灌溉用水，调研案例汇总见表 7-7 ～表 7-10。

表 7-7　矿井水利用于工业用水调研案例

编号	矿山名称	矿山类型	矿井水利用类型	处理工艺
1	大柳塔煤矿	煤矿	井下生产用水	以采空区矸石作为过滤、净化污水的载体
2	甘肃省厂坝铅锌矿	金属矿	选矿用水、井下用水	—
3	甘肃德良矿业有限公司白皂山铜矿	金属矿	浮选选矿生产用水	过滤
4	山西汾西宜兴煤业有限责任公司	煤矿	配乳站用水、井下采矿机械冷却用水	混凝—沉淀—过滤—消毒
5	克什克腾旗通达矿业公司铅锌矿	金属矿	生产用水	—
6	半碑店铁矿	金属矿	工业用水	沉淀净化
7	大同煤矿集团铁峰煤业有限公司南阳坡煤矿	煤矿	井下洒水和黄泥灌浆用水	预沉、调节池、一体化净水器、过滤、多介质过滤、活性炭过滤器＋反渗透
8	安徽淮南矿区	煤矿	选煤厂、矸石山用水、灌浆用水、冲渣用水、煤泥干化厂用水等	混凝＋旋流离心＋过滤
9	黄山祁诚有色金属有限责任公司铅锌矿	金属矿	井下生产、道路堆场洒水、消防和选矿补充用水	沉淀
10	济南市东郊铁矿	金属矿	补给生产用水	沉降＋氧化＋混凝＋过滤/超过滤＋消毒
11	铜陵有色金属集团控股有限公司	金属矿	选矿用水、工业用水	沉淀、净化
12	浙江会头域矿区萤石矿	非金属矿	生产用水	不存在化学污染
13	广东省铅锌选矿厂	金属矿	选矿用水	混凝—沉淀—稀释
14	江西城门山铜矿	金属矿	生产用水	—
15	湖南金石铜矿	金属矿	洒水抑尘、设备冷却水、选矿用水	絮凝—沉淀
16	吉林省白山市板石沟铁矿上青矿	金属矿	井下用水	中和—沉淀
17	云南省昆明市东川因民铜矿	金属矿	坑内凿岩及防尘用水	调节池＋絮凝沉淀＋过滤＋部分消毒

表 7-7（续）

编号	矿山名称	矿山类型	矿井水利用类型	处理工艺
18	贵州省松桃苗族自治县铅锌选矿厂	金属矿	矿山生产系统用水、井下凿岩及防尘洒水、绿化用水等，剩余部分排放	调节池＋混凝沉淀＋过滤＋部分消毒
19	清镇市站街镇龙滩前明铝铁矿	金属矿	生产用水及地面防尘	简单沉淀
20	玉溪矿业有限公司大红山铜矿	金属矿	采矿生产和选矿，矿区绿化、洒水降尘补充水	混凝＋隔油沉淀池＋沉淀池＋化粪池＋矿区生活污水两级生化处理站
21	西藏铜铅锌选矿废水	金属矿	选矿用水	混凝沉淀—曝气

表 7-8　矿井水利用于杂用水调研案例

编号	矿山名称	矿山类型	矿井水利用类型	处理工艺
1	棋盘井煤矿	煤矿	生产用水、生活用水	混凝、沉淀、过滤
2	甘肃石砬沟石英石矿	非金属矿	生活用水、生产用水	水质良好
3	河钢矿业中关铁矿	金属矿	地下水回灌、水源热泵、消防等	井下沉淀＋机械沉淀
4	山西鹊儿山煤矿	煤矿	井下复用、锅炉补水、生活杂用水	混凝—沉淀—过滤—消毒
5	山西大同燕子山矿	煤矿	洗衣、洗浴、锅炉房、井下采煤机等用水	混凝—沉淀—过滤—超滤 -R0 处理
6	河钢集团矿业公司田兴铁矿	金属矿	水源热泵	冷凝—节流—蒸发—压缩
7	龙泉煤矿	煤矿	杂用水、消防、洗煤厂	一体化高效处理设备＋消毒
8	王庄煤矿	煤矿	生产用水、生活用水	沉淀＋混凝＋深度过滤
9	柴里煤矿	煤矿	生活用水、生产用水	混凝、沉淀、过滤
10	张马屯铁矿	金属矿	生活用水、生产用水	—
11	江西东乡铜矿	金属矿	生产用水、生活用水	中和
12	阜新集团五龙矿	煤矿	井下生产用水、锅炉、澡堂用水、生活杂用	曝气充氧—混凝—沉淀
13	辽宁陈台沟铁矿	金属矿	地下水源热泵技术	过滤—换热

表 7-9　矿井水利用于生态环境用水调研案例

编号	矿山名称	矿山类型	矿井水利用类型	处理工艺
1	门克庆煤矿	煤矿	井下消防、冲洗巷道和洒水降尘；锅炉用水、生活用水和场地绿化	混凝、沉淀、过滤
2	母杜柴登煤矿	煤矿	井下消防洒水、选煤厂和绿化	混凝、沉淀、过滤
3	园子沟煤矿	煤矿	矿井采掘用水、洗煤厂洗选用水、厂区绿化、道路洒水	预沉调节池、吸附沉淀池、高效澄清池、多介质滤池、回用消毒
4	赛蒙特尔煤矿	煤矿	井下洒水、绿化洒水、湿地公园景观用水等	絮凝沉淀—消毒
5	甘肃白石头沟石墨矿	非金属矿	生产用水、景观绿化用水	污水一体化处理
6	刘子园煤矿	煤矿	井下洒水、地面绿化及排矸场洒水	混凝沉淀、除油、过滤、反渗透
7	华砚煤矿	煤矿	洗煤厂、井下消防、绿化、道路洒水等	采用混凝 + 沉淀 + 过滤
8	乌兰察布市拓福矿业有限公司察右中旗中什拉矿区萤石矿	非金属矿	抑尘用水、矿区绿化	排水—旋流沉砂器—调节池—提升泵—沉淀循环池—变频调速供水设备—各用水点
9	兖矿集团济宁三号煤矿	煤矿	选煤厂用水和地面消防、生态养护用水等	预沉淀—混凝—澄清、电吸附除盐
10	田陈煤矿	煤矿	井下防尘、洗煤补水、电厂冷却、地面降尘以及绿化	混凝、澄清、过滤、消毒
11	五沟煤矿	煤矿	井下消防、地面洒水	混凝、超磁水体净化
12	三河尖矿	煤矿	冲厕、道路清扫、消防、绿化、车辆冲洗、建筑施工	混凝、沉淀、过滤、反洗、消毒
13	辽宁阜蒙县查马屯铁矿	金属矿	生产用水、生活用水、环境用水	过滤—消毒—沉淀
14	吉林通化县四方山铁矿	金属矿	洒水降尘、选矿用水	沉淀
15	乌寿铅锌矿区	金属矿	井下防尘洒水，地面生产系统用水，道路防尘及绿化用水	中和调节池 + 混凝沉淀 + 过滤 + 部分消毒
16	贵州省三都县五坳坡铅锌多金属矿	金属矿	坑内凿岩及防尘用水，工业场地防尘、绿化用水	调节池 + 絮凝沉淀 + 过滤 + 部分消毒

表 7-10　矿井水利用于农田灌溉用水调研案例

编号	矿山名称	矿山类型	矿井水回用类型	处理工艺
1	小纪汗煤矿	煤矿	煤矿生产及生活用水、循环冷却补充水、农田灌溉用水	超滤、反渗透、混凝沉淀、纳滤
2	邯郸宝峰矿业有限公司九龙煤矿	煤矿	洗煤厂、电厂生产用水、绿化用水、矸石山降尘用水、农田灌溉用水	超磁净化处理
3	淄矿集团岱庄煤矿	煤矿	选煤厂、注浆站、绿化矸石山、道路洒水、灌溉等用水	混凝、沉淀、消毒
4	河南平顶山矿区	煤矿	选煤厂用水、冷却用水、消防、市政杂用、农业灌溉、生活用水	曝气充氧—混凝—软化—沉淀、电渗析脱盐
5	湖南金江镇小湾联办石墨矿	非金属矿	生产用水、农田灌溉	水质良好

参考文献

[1] Taylor, A. Guidelines for evaluating the financial, ecological and social aspects of urban stormwater management measures to improve waterway health[R]. Cooperative Research Centre for Catchment Hydrology, 2005.

[2] Heinz, I., Salgot, M., Davila, J.M.S. Evaluating the costs and benefits of water reuse and exchange projects involving cities and farmers[J]. Water International, 2011, 36(4), 455-466.

[3] Blagtan, R.N. Economic evaluation for water recycling in urban areas of California[D]. University of California Davis, 2008.

[4] Garcia-Cuerva, L., Berglund, E.Z., Binder, A.R. Public perceptions of water shortages, conservation behaviors, and support for water reuse in the U.S[J]. Resour. Conserv. Recy. 2016, 113, 106-115.

[5] Chen, Z., Wu, Q.Y., Wu, G.X., et al. Centralized water reuse system with multiple applications in urban areas: lessons from China's experience[J]. Resources, Conservation & Recycling, 2017, 117, pp.125-136.

[6] WWAP(United Nations World Water Assessment Programme). The United Nations World Water Development Report 2017[R]. Paris, UNESCO, 2017.

[7] National Research Council. Water reuse: potential for expanding the nation's water supply through reuse of municipal wastewater[M]. 2012, National Academics Press, Washington DC, USA.

[8] Lazarova, V., Asano, T., Bahri, A., et al. Milestones in Water Reuse: the best success stories[M]. IWA Publishing, London, UK, 2013.

[9] UNWWAP(United Nations World Water Assessment Programme). The United Nations World Water Development Report 2015: Water for a Sustainable World[R]. Paris, UNESCO, 2015.

[10] UNDESA(United Nations Department of Economic and Social Affairs). World Urbanization Prospects: The 2014 Revision, Highlights.(ST/ESA/SER.A/352)[R]. New York, United Nations(UN), 2015.

[11] 侯立安，赵海洋，高鑫，等．反渗透技术在我国饮用水安全保障中的应用 [J]. 给水排水，2017，43(4)，135-140.

[12] 胡洪营，吴乾元，黄晶晶，等．再生水水质安全评价与保障原理 [M]. 北京：科学出版社，2011.

[13] 杨扬，胡洪营，陆韵，等．再生水补充饮用水的水质要求及处理工艺发展趋势 [J]. 给水排水，2012，38(10)，119-122.

[14] 田园馨，曲炜．对我国再生水设施生产率的探讨与思考 [J]. 干旱区研究，2015，32(3): 448-452.

[15] 曲炜．我国污水处理回用发展历程及特点 [J]. 水资源管理，2013，23: 50-52.

[16] 苑宏英，谷永，张昱，等．再生水集中和分散处理与供水模式的历史进程 [J]. 给水排水，2017，43(8): 131-136.

[17] 邢丽贞，寇知辉，吴毅晖，等．对某城市污水处理厂技术性能的综合评价 [J]. 中国给水排水，2017，3: 87.

[18] 常征，潘克西．基于 LEAP 模型的上海长期能源消耗及碳排放分析 [J]. 当代经济，2014，350: 98-106.

[19] 陈亮，邬长福，陈祖云，等．基于 AHP—模糊综合评价法的非煤露天矿山安全标准化复评体系研究 [J]. 矿业研究与开发，2016，36(4): 99-103.

[20] 冯霄，刘永忠，沈人杰，等．水系统集成优化——节水减排的系统综合方法 [M]. 2 版．北京：化学工业出版社，2012.

[21] 高艳玲，王志民，隋媛，等．标准质量与实施效果评价方法及应用研究 [J]. 标准科学，2020，(5): 60-74.

[22] 韩冰，徐婷，陈俊峰，等．AHP- 模糊综合评价法在标准实施效果评价中的应用 [J]. 标准科学，2020，(4): 35-38.

[23] 侯立安，赵海洋，高鑫，等．反渗透技术在我国饮用水安全保障中的应用 [J]. 给水排水，2017，43(4): 135-140.

[24] 胡立堂，王忠静，Robin Wardlaw，等．改进的 WEAP 模型在水资源管理中的应用 [J]. 水利学报，2009，40(2): 173-179.

[25] 李军，吴杰，刘珏．标准实施效果评价国内研究综述及初探 [J]. 标准科学，2018，(8): 97-101.

［26］刘文豪，马移军，李庆国．基于模糊评价法的农村安全供水项目评价 [J]. 山东水利，2015，(1): 31-33.

［27］麦绿波．标准学——标准的科学理论 [M]. 北京：科学出版社，2019.

［28］毛凯，孙智，林常青．工程建设标准实施评估工作方法研究 [J]. 工程建设标准化，2016，(6): 67-70.

［29］尚月．基于模糊综合评价法的物流标准化发展程度评价 [J]. 现代经济信息，2017，(11): 347，432.

［30］宋毅，乔治．关于标准实施评价及监督的研究 [C]. 第 12 届中国标准化论坛论文集，2015.

［31］万雅虹．神经网络模型在水质评价中的应用 [D]. 浙江海洋大学，2016.

［32］于慧芳，邹格．基于层次分析法的规划设计技术标准实施效益评价方法 [J]. 中国设备工程，2019，(6): 176-178.

［33］俞铖航，郑彬．基于 AHP 模糊综合评判法的寄生虫标准制定选择的研究 [J]. 中国卫生标准管理，2019，10(9): 7-11.

［34］张博，袁玲玲，王颖．海洋环境监测标准实施水平评价 [J]. 海洋开发与管理，2016，33(5): 95-99.

［35］高从堦，陈国华．海水淡化技术与工程手册 [M]. 北京：化学工业出版社，2004.

［36］陈国华，吴葆仁．海水电导 [M]. 北京：海洋出版社，1981.

［37］Millero F J, Leung W H. The thermodynamics of seawater at one atmosphere[J]. American Journal of Science, 1976, 276: 1035-1077.

［38］惠绍棠，阮国岭，于开录．海水淡化与循环经济 [M]. 天津：天津人民出版社，2005.

［39］阮国岭．海水淡化工程设计 [M]. 北京：中国电力出版社，2012.

［40］戴诚怿，朱力，赵杰，等．东丽高脱盐高脱硼反渗透膜技术在海水淡化项目中的应用——北控阿科凌曹妃甸 5 万吨 / 天海水淡化项目介绍 [C]. 北京国际海水淡化高层论坛论文集，2012(10): 166-168.

［41］高从堦，阮国岭．海水淡化技术与工程 [M]. 北京：化学工业出版社，2015.

［42］孙育文．低温多效蒸馏法海水淡化技术的应用 [J]. 华电技术，2009(31): 65-67.